Ben Stacy Jerrik (Hrsg.)

Araujia

Ben Stacy Jerrik (Hrsg.)

Araujia

Gattung (Biologie), Familie (Biologie), Seidenpflanzengewächse

Part Press

Imprint

All parts of this book are extracted from Wikipedia, the free encyclopedia (www.wikipedia.org).

You can get detailed informations about the authors of this collection of articles at the end of this book. The editors (Ed.) of this book are no authors. They have not modified or extended the original texts.

Pictures published in this book can be under different licences than the GNU Free Documentation License. You can get detailed informations about the authors and licences of pictures at the end of this book.

The content of this book was generated collaboratively by volunteers. Please be advised that nothing found here has necessarily been reviewed by people with the expertise required to provide you with complete, accurate or reliable information. Some information in this book maybe misleading or wrong. The Publisher does not guarantee the validity of the information found here. If you need specific advice (f.e. in fields of medical, legal, financial, or risk management questions) please contact a professional who is licensed or knowledgeable in that area.

Cover image: www.ingimage.com
Concerning the licence of the cover image please contact ingimage.

Publisher:
Part Press is a trademark of
International Book Market Service Ltd., 17 Rue Meldrum, Beau Bassin, 1713-01 Mauritius
Email: info@bookmarketservice.com
Website: www.bookmarketservice.com

Published in 2012

Printed in: U.S.A., U.K., Germany. This book was not produced in Mauritius.

ISBN: 978-613-9-19116-1

Contents

Articles

References

Araujia

Araujia	
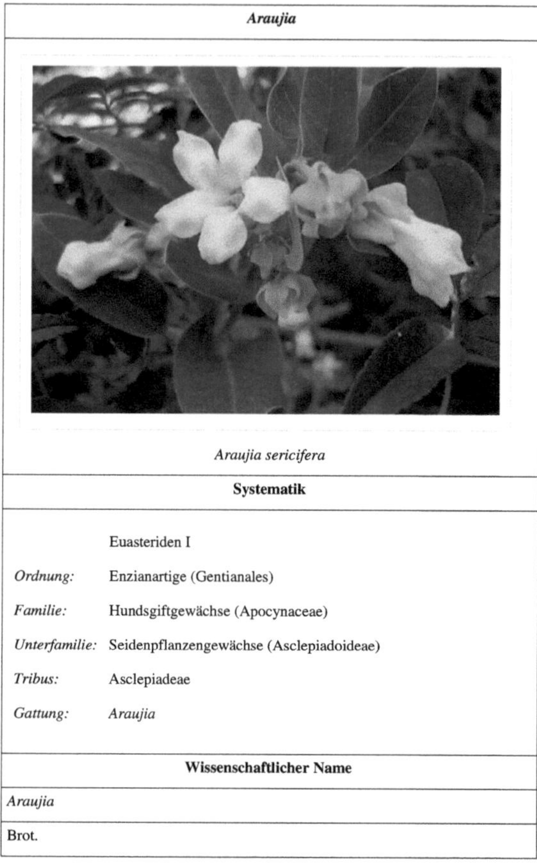 *Araujia sericifera*	
Systematik	
	Euasteriden I
Ordnung:	Enzianartige (Gentianales)
Familie:	Hundsgiftgewächse (Apocynaceae)
Unterfamilie:	Seidenpflanzengewächse (Asclepiadoideae)
Tribus:	Asclepiadeae
Gattung:	*Araujia*
Wissenschaftlicher Name	
Araujia	
Brot.	

Araujia ist eine Pflanzengattung in der Unterfamilie der Seidenpflanzengewächse (Asclepiadoideae). Die etwa neun Arten sind ursprünglich nur in Südamerika beheimatet.

Beschreibung

Erscheinungsbild von *Araujia sericifera*

Vegetative Merkmale

Araujia-Arten wachsen als ausdauernde, Halbsträucher und Schlingpflanzen. Die 5 bis 6 Meter langen Sprossachsen verholzen zumindest an der Basis und sind kahl bis dicht borstig behaart. Sie enthalten einen weißen Milchsaft.

Die gegenständig angeordneten Laubblätter sind gestielt. Die krautigen, einfachen Blattspreiten sind bei einer Länge von 5 bis 11 cm (ausnahmsweise bis zu 15 cm) und einer Breite von 0,8 bis 4 cm (ausnahmsweise bis zu 8 cm) breit eiförmig, dreieckig, speerförmig und zugespitzt. Die Spreitenbasis ist herzförmig, gestutzt bis keilförmig. Die Blattober- und unterseite ist unterschiedlich gefärbt, die Blattoberseite ist kahl bis schwach und fein flaumig behaart und die Blattunterseite ist deutlich flaumig bis wollig behaart, wobei die Haare (Trichome) weißlich sind. Es sind zwei bis vier Drüsen (Colleteren) an der Basis der Blätter vorhanden.

Blüte von *Araujia sericifera*

Generative Merkmale

Ein bis fünf Blüten stehen schraubelig bis sciadioidal (= pseudo-doldenförmig, abgeleitet von einer Schraubel durch die Reduktion der Rhachis) in einem Blütenstand zusammen, wobei sich ein bis drei Blüten gleichzeitig öffnen. Der kurze Blütenstandsschaft und die Blütenstiele sind kurzfilzig behaart.

Die Blütenknospen sind eiförmig bis kugelig. Die zwittrigen Blüten sind radiärsymmetrisch und fünfzählig. Die fünf großen, freien Kelchblätter sind laubblattähnlich, mehr oder weniger aufrecht, eiförmig und zugespitzt. Die fünf 5 bis 20 mm langen, mehr oder weniger aufrechten Kronblätter sind zwischen der Hälfte und etwa drei Viertel der Länge urnen- bis glockenförmig verwachsen. Die Farben der Kronblätter variiert von cremefarben-rosé bis cremefarben-grünlich. Die breit-dreieckigen Kronblätter sind dextral gewunden oder verdreht. Die in die Kronröhre eingelassene Nebenkrone ist fünfteilig und kürzer als das Gynostegium. Ihre nur an ihrer Basis verwachsenen oder auch freien Zipfel sind breit-dreieckig, aufrecht oder auch eingebogen. Das Gynostegium ist ungestielt und verdeckt in der Kronröhre. Die Flügel der fünf Staubblätter verlaufen parallel zu einander und sind kürzer als der Griffel und die Staubbeutel sind rechteckig. Die hängenden Pollinien sind eiförmig bis kugelig.

Die einzeln stehenden, hängende Balgfrüchte weisen eine Länge von 7,5 bis 15 cm und einen Durchmesser von 0,4 bis 3 cm auf und sind ellipsoid, mit stielrundem Querschnitt und stumpfer oder leicht geschnabelter Spitze. Sie können Längsgruben aufweisen und außen kahl oder leicht warzig sein. Das Perikarp ist dick verholzt. Die dunkelbraunen Samen sind bei einer Länge von 4,5 bis 7 mm und einem Durchmesser von 2 bis 2,5 mm eiförmig. Der Rand weist keine Flügel auf, aber er ist gezähnt. Der seidige Haarschopf ist 4 bis 5 cm lang.

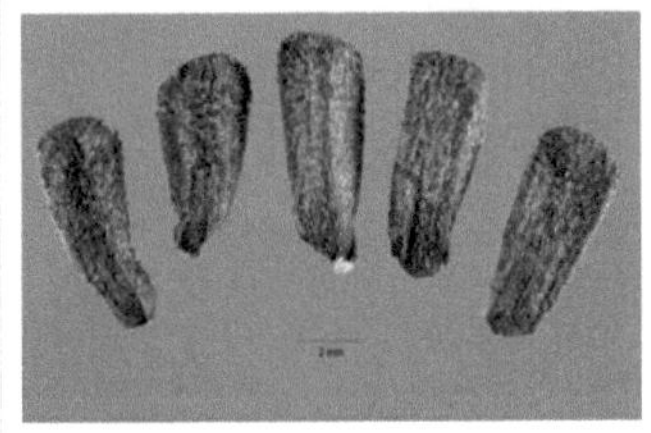

Samen von *Araujia sericifera*

Die Chromosomenzahl beträgt 2n = 20 (*Araujia angustifolia*) bzw. 22 (*Araujia sericifera*).

Blütenökologie

Die Bestäubung erfolgt meist durch Nachtfalter mit langen Saugrüsseln. Für *Araujia sericifera* wird auch der deutsche Trivialname Folterpflanze und der englische Trivialname „moth catcher", dies bezieht sich darauf, dass die Blüte nach dem Prinzip einer Klemmfalle funktioniert und der Saugrüssel der Schmetterlinge so eingeklemmt werden kann, dass das Insekt nicht mehr frei kommt. Erst nach der Bestäubung der Blüte (meist am anderen Morgen) lässt die Klemmwirkung nach und der Schmetterling kommt wieder frei.

Vorkommen

Die *Araujia*-Arten sind ursprünglich auf Südamerika (Argentinien, Bolivien, Brasilien, Paraguay und Uruguay) beschränkt. Sie kommen dort in trockenen bis feuchten Wäldern und Dornbuschsavannen, oft sogar in Kulturland oder aufgelassenem Kulturland vor.

Araujia sericifera wird als Zierpflanze verwendet und inzwischen in viele Regionen der Welt verwildert, beispielsweise in Neuseeland[1], Südafrika[2], Südspanien und Nordamerika.

Systematik

Die Gattung *Araujia* wurde 1817 von Felix de Avelar Brotero (1744-1828) in *Descriptions of a new Genus of Plants, named Araujia, and of a new Species of Passiflora*, in den *Transactions of the Linnean Society of London*, Bd.12, S.62 ff. erstbeschrieben und auf der Tafel 4 und 5 abgebildet, wobei er sie als monotypische Gattung, also nur mit einer Art veröffentlichte. [3] Die einzige dort veröffentlichte Art ist die *Araujia sericifera* Brot., dabei wurde keine Aussage über einen hinterlegten Herbarbeleg gegeben. So legten Paul I. Forster und Peter V. Bruyns 1992 einen Beleg des Herbarium Jardim Botânico Museu Nacional de História Natural Universidade de Lisboa (LISU) als Lectotypusmaterial fest. [4] Synonyme für *Araujia* Brot. sind *Lagenia* E.Fourn. und *Physianthus* Mart.. Die Gattung *Araujia* gehört zur Subtribus Oxypetalinae aus der Tribus Asclepiadeae in der Unterfamilie Asclepiadoideae innerhalb der Familie der Apocynaceae. [5]

Die Gattung *Araujia* wird in drei Sektionen gegliedert und enthält insgesamt etwa neun Arten.

Sektion *Araujia*

Sektion *Lagenia* (E.Fourn.) Malme

Sektion *Schistanthera* Schltr.

- *Araujia angustifolia* (Hook. & Arn.) Steud.
- *Araujia graveolens* (Lindl.) Mast. (Syn.: *Physianthus graveolens* Hort., *P. auricomus* R.Graham., *Schubertia graveolens* Lindl.)
- *Araujia hortorum* E.Fourn.
- *Araujia megapotamica* (Spreng.) G.Don
- *Araujia plumosa* Schltr.
- *Araujia sericifera* Brot. (Syn.: *Araujia sericofera* Brot. orthographischer Fehler in der Erstbeschreibung, *Araujia albens* (Mart.) G.Don, *Physianthus albens* Mart., *Araujia hortorum* Fourn., *Schubertia albens* sensu auct..)
- *Araujia stormiana* Morong
- *Araujia subhastata* E.Fourn.

Quellen

Literatur

- Felix de Avelar Brotero: *Descriptions of a new Genus of Plants, named Araujia, and of a new Species of Passiflora.*, In: *Transactions of the Linnean Society of London*, 12, S. 62-69: Erstbeschreibung Online bei botanicus.org. [6]
- S. Liede-Schumann & U. Meve: *The Genera of Asclepiadoideae, Secamonoideae and Periplocoideae (Apocynaceae) Descriptions, Illustrations, Identification, and Information Retrieval*, 2006 *Araujia Brot. (Asclepiadeae - Oxypetalinae)*, Version vom 21. September 2000. [7]
- James C. Hickman (Hrsg.): *The Jepson Manual. Higher Plants of California.* University of California Press, 1993, ISBN 0-520-08255-9. Carol A. Hoffman: *Asclepiadaceae* in *Jepson Manual Treatment* - Online. [8] (Abschnitt Beschreibung)

Einzelnachweise

[1] Bruce Roy: *An illustrated guide to common weeds of New Zealand*, 282 S., New Zealand Plant Protection Society, 1998

[2] Gareth Coombs & Craig I. Peter: *The invasive 'mothcatcher' (Araujia sericifera Brot.; Asclepiadoideae) co-opts native honeybees as its primary pollinator in South Africa.* AoB Plants, vol. 2010, online Abstract (http://aobpla.oxfordjournals.org/content/2010/plq021.abstract)

[3] Eintrag bei *Tropicos*. (http://www.tropicos.org/Name/40018536)

[4] Paul I. Forster & Peter V. Bruyns: *Clarification of Synonymy for the Common Moth-Vine Araujia sericifera (Asclepiadaceae)*, In: *Taxon*, Volume 41, No. 4, 1992, S. 746-749.

[5] Eintrag bei GRIN. (http://www.ars-grin.gov/cgi-bin/npgs/html/genus.pl?902)

[6] http://www.botanicus.org/item/31753002433586

[7] http://www.bio.uni-bayreuth.de/planta2/research/databases/delta_as/www/araujia.htm

[8] http://ucjeps.berkeley.edu/cgi-bin/get_JM_treatment.pl?583,584

Gattung_(Biologie)

Die **Gattung** (auch: **Genus**) ist eine Rangstufe innerhalb der Hierarchie der biologischen Systematik. Sie steht oberhalb der Art und unterhalb der Familie. Eine Gattung kann eine einzige Art enthalten oder eine beliebige Anzahl von Arten; enthält sie nur eine Art, gilt sie als monotypisch.

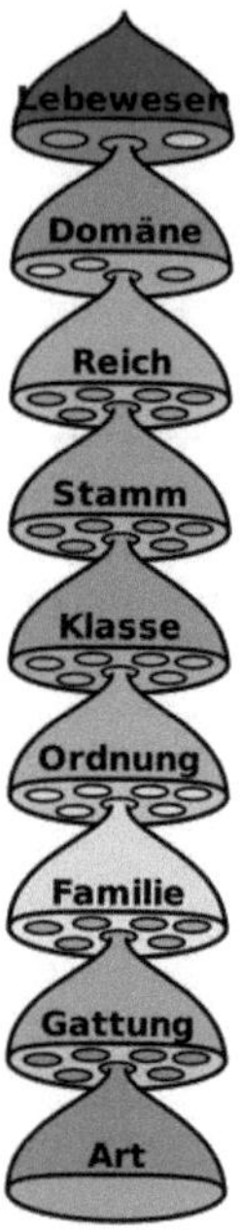

In jedem Fall handelt es sich bei einer Gattung, die aus mehreren Arten besteht, um eine Gruppe von Arten gemeinsamer Abstammung, die von einer anderen Art oder von einer Gruppe von Arten durch einen deutlichen morphologischen Abstand getrennt ist.[1] Willi Hennig präzisierte diese Definition 1966 in seinem Werk *Phylogenetic Systematics* dahingehend, dass die Arten einer Gattung enger *miteinander* verwandt sein müssten als mit irgendeiner anderen Art einer anderen Gattung.[2]

Alle Arten innerhalb einer Gattung haben stets einen zweiteiligen (binären) Namen (das Binomen), der aus dem Gattungsnamen und dem Art-Epitheton besteht. *Abies alba* (die Weißtanne) etwa ist eine von ca. 51 Arten innerhalb der Gattung *Abies* (Tannen). Die binominale Nomenklatur der Artnamen geht auf Carl von Linné zurück, der sie 1753 in *Species Plantarum* für die Pflanzen einführte. In der 1758 erschienenen 10. Auflage von *Systema Naturae* wurden neben den Pflanzen auch für die Tiere binäre Namen vergeben.

Lebewesen
Domäne
Reich
Stamm
Klasse
Ordnung
Familie
Gattung
Art

Stellung der Gattung innerhalb der biologischen Klassifikation

Strukturierung einer Gattung

Wenn eine Gattung viele Arten enthält, die nach unterschiedlichen Kriterien geordnet werden können, stehen die folgenden hierarchischen Ränge zur Verfügung:

- Untergattung
- Sektion
- Untersektion
- Serie
- Unterserie

Dabei liegt es im Ermessen des beschreibenden Biologen, welcher der Ränge angemessen erscheint. Bedeutende Unterschiede werden in der Regel durch Untergattungen ausgedrückt; bei unscheinbaren Variationen wird eher die Sektion benutzt. Es gibt also keine Vorschrift, dass bestimmte Ränge bevorzugt zu benutzen sind. Allerdings wird die Untersektion (bzw. Unterserie) nur gebraucht, wenn auch die Sektion (bzw. Serie) benutzt wird. Der Name der Untergattung kann mit einer runden Klammerung zwischen Gattungs- und Artnamen eingefügt werden (Beispiel: Geißklee-Bläuling *Plebejus (Plebejus) argus* und Hochmoor-Bläuling *Plebejus (Vacciniina) optilete*). In der Regel werden dabei Namen verwendet, denen in der Vergangenheit oder auch heute noch von anderen Autoren Gattungsniveau eingeräumt wird. Bei der Unterteilung in Untergattungen muss eine Untergattung den Namen der Gattung tragen. Sie soll in diesem Fall ein Art oder Artgruppe umfassen, die besonders typisch für die Gattung ist (Beispiel: Weinbergschnecke *Helix (Helix) pomatia*).

Die Ränge unterhalb der Einheit Untergattung, also Sektion und Serie, sind nach den heutigen Regeln der Nomenklatur im Bereich der Zoologie, anders als in der Botanik, nicht mehr zulässig.

Literatur

- R. Wehner und W. Gehring: *Zoologie*. Thieme, Stuttgart, New York, 1990: S. 541 ff. ISBN 3-13-367422-6

Einzelnachweise

[1] „a genus consists of one species, or a group of species of common ancestry, which differ in a pronounced manner from other groups of species and are separated from them by a decided morphological gap." Ernst Mayr: *Taxonomic categories in fossil hominids*. In: *Cold Spring Harbor Symposia on Quantitative Biology 1950*, Band 15, 1950, S. 109–118, (hier: S. 110), doi: 10.1101/SQB.1950.015.01.013 (http://dx.doi.org/10.1101/SQB.1950.015.01.013)

[2] Willi Hennig: *Phylogenetic Systematics*. University of Illinois Press, Urbana 1966

rue:Род (біолоґія)

Familie_(Biologie)

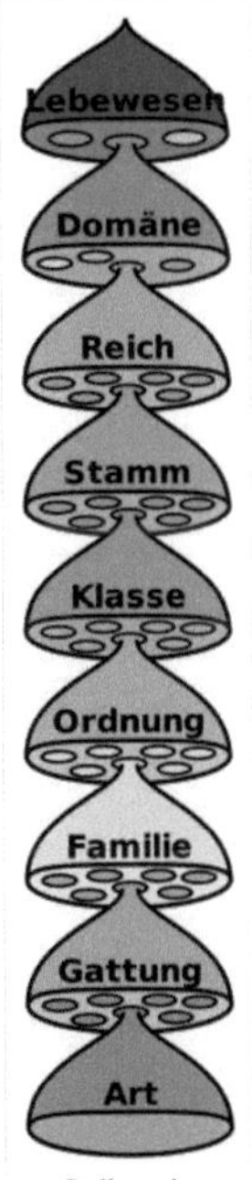

Stellung der Familie innerhalb der biologischen Klassifikation

Die **Familie** (lat. *familia*) ist eine hierarchische Ebene der biologischen Systematik.

Sie steht in der Botanik zwischen den Hauptrangstufen Ordnung und Gattung. Direkt über der Familie kann die **Überfamilie** (lateinisch: **Superfamilia**) stehen, unter ihr die *Unterfamilie* (lateinisch: **Subfamilia**)[1] . In der Zoologie kommt zur speziellen Familien-Rangstufe noch die aus weiteren Rangstufen bestehende Familien-Gruppe[2] .

In der Botanik endet die Familienbezeichnung im Grundsatz auf *-aceae* (zum Beispiel Korbblütler: *Asteraceae*, Liliengewächse *Liliaceae*) und leiten sich vom Gattungsnamen einer festgelegten Typusart ab (z. B. *Aster*, *Lilium*). Historisch waren jedoch auch Benennungen nach morphologischen Besonderheiten üblich. Artikel 18.5 des ICBN legt fest, dass acht abweichende Familiennamen als gültig publiziert anzusehen sind. Palmae/Arecaceae, Gramineae/Poaceae, Cruciferae/Brassicaceae, Leguminosae/Fabaceae, Guttiferae/Clusiaceae, Umbelliferae/Apiaceae, Labiatae/Lamiaceae und Compositae/Asteraceae. In allen anderen Fällen gilt ausschließlich der vom Typus abgeleitete und auf *-aceae* endende Name als gültig[3] .

Der Begriff geht auf Pierre Magnol zurück, der ihn 1689 in die Botanik einführte. Bei Linné und Antoine-Laurent de Jussieu kommt er nicht vor, den entsprechenden Rang nehmen dort die *„Ordines naturales"* (=„Natürliche Ordnungen") ein, erst später setzte sich die Familie durch[4] .

Literatur

[1] Internationaler Code der Botanischen Nomenklatur

[2] Internationaler Code der Zoologischen Nomenklatur

[3] Ann McNeil & R. K. Brummitt (2003). The usage of the alternative names of eight flowering plant families. Taxon, 52 (4): 853-856.

[4] Gerhard Wagenitz: *Wörterbuch der Botanik*, 2. Auflage, 2003/2008, ISBN 3-937872-94-9, S. 110

rue:Родина (біолоґія)

Seidenpflanzengewächse

Seidenpflanzengewächse	
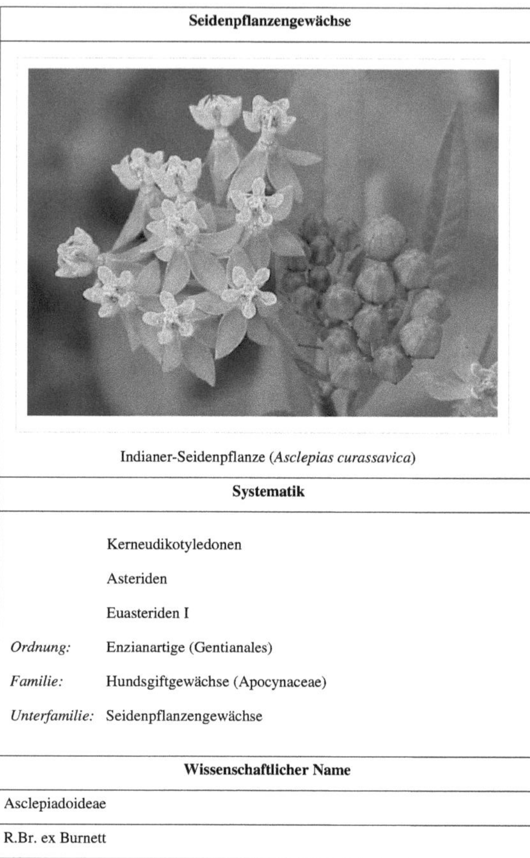 Indianer-Seidenpflanze (*Asclepias curassavica*)	
Systematik	
	Kerneudikotyledonen
	Asteriden
	Euasteriden I
Ordnung:	Enzianartige (Gentianales)
Familie:	Hundsgiftgewächse (Apocynaceae)
Unterfamilie:	Seidenpflanzengewächse
Wissenschaftlicher Name	
Asclepiadoideae	
R.Br. ex Burnett	

Die **Seidenpflanzengewächse** (Asclepiadoideae), auch **Schwalbenwurzgewächse** genannt, sind eine Unterfamilie innerhalb der Familie der Hundsgiftgewächse (Apocynaceae).

Bekannte Vertreter dieser Familie sind die Aasblumen unterschiedlicher Gattungen: *Stapelia*, *Hoodia*, *Huernia* und *Orbea*, deren Blüten Aasgeruch verströmen, die Wachsblumen (*Hoya*), die Schwalbenwurz (*Vincetoxicum hirundinaria*) und die Seidenpflanzen (*Asclepias*).

Beschreibung

Vegetative Merkmale

Es sind meist ausdauernde krautige Pflanzen oder verholzende Pflanzen: Sträucher, Lianen oder selten Bäume. Ein Teil der Taxa sind stammsukkulente Pflanzen. Einige Arten sind Kletterpflanzen. Die Pflanzen enthalten oft einen weißlichen oder seltener klaren Milchsaft.

Die meist gegenständig angeordneten Laubblätter sind gut entwickelt oder stark reduziert. Die Laubblätter weisen meist einem glatten Blattrand auf. Nebenblätter können vorhanden sein oder sie fehlen.

Generative Merkmale

Die Blüten stehen einzeln oder in zymösen (selten traubigen) Blütenständen. Die zwittrigen, meist radiärsymmetrischen Blüten sind fünfzählig mit doppeltem Perianth. Die fünf Kelchblätter sind nur an ihrer Basis verwachsen. Die fünf Kronblätter sind verwachsen. Es wird oft eine Nebenkronen aus den Kronblättern oder den Staubblättern gebildet (Ligula). Es ist nur ein Kreis mit fünf Staubblättern vorhanden, wobei die Staubfäden nur kurz sind oder fehlen. Die Staubblätter und die Fruchtblätter sind zu einem so genannten „Gynostegium" verwachsen. Der Pollen ist meist zu einer Einheit, dem „Pollinium" zusammengefasst. Das „Pollinium" ist über zwei so genannten „Translatoren" mit dem „Klemmkörper" verbunden. Jede Blüte enthält zwei oberständige Fruchtblätter. Daraus entwickeln sich meist zwei Balgfrüchte, selten nur eine. Die Balgfrüchte enthalten viele Samen. Die Samen tragen meist seidige Haarschöpfe, daher der Name.

Durch das gebildete Gynostegium liegt hier eine Spezialisierung auf Insektenbestäubung (Entomophilie) vor.

Verbreitung

Die Seidenpflanzengewächse sind in den tropischen und subtropischen Gebieten der Erde weit verbreitet, besonders in Afrika und im südlichen Südamerika. Im nördlichen und südöstlichen Asien kommen wenige Arten vor, aber viele kleine Gattungen.[1] In Mitteleuropa ist nur die Schwalbenwurz (*Vincetoxicum hirundinaria*) heimisch, die aus Nordamerika stammende Seidenpflanze (*Asclepias syriaca*) kommt in Mitteleuropa verwildert und teilweise eingebürgert vor [2].

Systematik

Die ehemalige Familie Asclepiadaceae wurde 1797 durch Moritz Balthasar Borckhausen in *Botanisches Wörterbuch*, Band 1, S. 31 aufgestellt. Sie hat jetzt nach molekularbiologischen Erkenntnissen den Rang einer Unterfamilie Asclepiadoideae innerhalb der Familie der Apocynaceae. Die erste Verwendung zur Gruppierung der Familie - noch als „Asclepiadeae" - erfolgte 1835 durch Gilbert Thomas Burnett.[3] Typusgattung ist *Asclepias* L.

Kronenblume (*Calotropis gigantea*).

Die Unterfamilie Asclepiadoideae wird in vier Tribus mit insgesamt zwölf Subtribus gegliedert. Sie umfasst 172 Gattungen:[4]

- Tribus Fockeeae Kunze, Meve & Liede
  - *Cibirhiza* Bruyns
  - *Fockea* Endl.
- Tribus Marsdenieae Benth.
  - *Anatropanthus* Schltr.
  - *Anisopus* N.E.Br.

Gomphocarpus fruticosus.

Funastrum cynanchoides.

Larryleachia cactiformis.

    - *Asterostemma* Decne.
    - *Campestigma* Pierre ex Costantin
    - *Cathetostemma* Blume
    - *Cionura* Griseb.
    - *Clemensiella* Schltr.
    - *Cosmostigma* Wight
    - *Dischidia* R.Br.
    - *Dolichopetalum* Tsiang
    - *Gongronema* (Endl.) Decne.
    - *Gunnessia* P.I.Forst.
    - *Gymnema* R.Br.
    - *Heynella* Backer
    - *Hoya* R.Br.
    - *Jasminanthes* Blume
    - *Lygisma* Hook. f.
    - *Marsdenia* R.Br.
    - *Oreosparte* Schltr.
    - *Pycnorhachis* Benth.
    - *Rhyssolobium* E.Mey.
    - *Sarcolobus* R.Br.
    - *Stephanotis* Thouars
    - *Stigmatorhynchus* Schltr.
    - *Telosma* Coville
    - *Treutlera* Hook. f.
    - *Wattakaka* Hassk.
- Tribus Ceropegieae Decne. ex Orb.
    - Subtribus Anisotominae Meve & Liede
        - *Anisotoma* Fenzl
        - *Emplectanthus* N.E.Br.
        - *Neoschumannia* Schltr.
        - *Riocreuxia* Decne.
        - *Sisyranthus* E.Mey.
    - Subtribus Heterostemminae Meve & Liede
        - *Heterostemma* Wight & Arn.
    - Subtribus Leptadeniinae Meve & Liede
        - *Conomitra* Fenzl
        - *Leptadenia* R.Br.
        - *Orthanthera* Wight
        - *Pentasacme* Wall. ex Wight
    - Subtribus Stapeliinae
        - *Apteranthes* J.C.Mikan
        - *Australluma* Plowes
        - *Baynesia* Bruyns
        - *Boucerosia* Wight & Arn.
        - *Brachystelma* Sims

- *Caralluma* R.Br.
- *Caudanthera* Plowes
- *Ceropegia* L.
- *Desmidorchis* Ehrenb.
- *Duvalia* Haw.
- *Duvaliandra* M.G.Gilbert
- *Echidnopsis* Hook. f.
- *Edithcolea* N.E.Br.
- *Hoodia* Sweet ex Decne.
- *Huernia* R.Br.
- *Larryleachia* Plowes
- *Lavrania* Plowes
- *Monolluma* Plowes
- *Notechidnopsis* Lavranos & Bleck
- *Ophionella* Bruyns
- *Orbea* Haw.
- *Orbeanthus* L.C.Leach
- *Pectinaria* Haw.
- *Piaranthus* R.Br.
- *Pseudolithos* P.R.O.Bally
- *Quaqua* N.E.Br.
- *Rhytidocaulon* P.R.O.Bally
- *Richtersveldia* Meve & Liede
- *Socotrella* Bruyns & A.G.Miller
- *Stapelia* L.
- *Stapelianthus* Choux ex A.C.White & B.Sloane
- *Stapeliopsis* Pillans
- *Tavaresia* Welw.
- *Tridentea* Haw.
- *Tromotriche* Haw.
- *White-Sloanea* Chiov.

- Tribus Asclepiadeae (R.Br.) Duby.
  - Subtribus Astephaninae Endl. ex Meisn.
    - *Astephanus* R.Br.
    - *Microloma* R.Br.
    - *Oncinema* Arn.
  - Subtribus Asclepiadinae Endl. ex Meisn.
    - *Aidomene* Stopp
    - *Asclepias* L.
    - *Aspidoglossum* E.Mey.
    - *Aspidonepsis* Nicholas & Goyder
    - *Calotropis* R.Br.
    - *Cordylogyne* E.Mey.
    - *Fanninia* Harv.
    - *Glossostelma* Schltr.
    - *Gomphocarpus* R.Br.

Traubige Leuchterblume (*Ceropegia racemosa*).

Kletternde Leuchterblume (*Ceropegia sandersonii*), eine rankende Pflanze.

Oxystelma bornouense, Kaboré-Tambi-NP, Burkina Faso.

- *Kanahia* R.Br.
- *Lagarinthus* E.Mey.
- *Margaretta* Oliv.
- *Miraglossum* Kupicha
- *Odontostelma* Rendle
- *Pachycarpus* E.Mey.
- *Parapodium* E.Mey.
- *Pergularia* L.
- *Schizoglossum* E.Mey.
- *Stathmostelma* K.Schum.
- *Stenostelma* Schltr.
- *Trachycalymma* Bullock
- *Woodia* Schltr.
- *Xysmalobium* R.Br.

Microloma calycinum am Naturstandort: Richtersveld.

- Subtribus Tylophorinae (K.Schum.) Liede
  - *Biondia* Schltr.
  - *Blyttia* Arn.
  - *Diplostigma* K.Schum.
  - *Goydera* Liede
  - *Pentatropis* R.Br.
  - *Pleurostelma* Baill.
  - *Rhyncharrhena* F.Muell.
  - *Tylophora* R.Br.
  - *Vincetoxicum* Wolf

Hoya pubicalyx.

- Subtribus Cynanchinae K.Schum.
  - *Adelostemma* Hook. f.
  - *Cynanchum* L.
  - *Glossonema* Decne.
  - *Graphistemma* (Champ. ex Benth.) Champ. ex Benth.
  - *Holostemma* R.Br.
  - *Mahawoa* Schltr.
  - *Merrillanthus* Chun & Tsiang
  - *Metaplexis* R.Br.
  - *Odontanthera* Wight
  - *Pentarrhinum* E.Mey.
  - *Pentastelma* Tsiang & P.T.Li
  - *Raphistemma* Wall.
  - *Schizostephanus* Hochst. ex Benth.
  - *Sichuania* M.G.Gilbert & P.T.Li

Habitus von *Fockea capensis.*

- Subtribus Metastelmatinae Endl. ex Meisn.
  - *Barjonia* Decne.
  - *Blepharodon* Decne.
  - *Ditassa* R.Br.
  - *Hemipogon* Decne.
  - *Hypolobus* E.Fourn.
  - *Macroditassa* Malme

- *Metastelma* R.Br.
- *Minaria* T.U.P.Konno & Rapini
- *Nautonia* Decne.
- *Nephradenia* Decne.
- *Peplonia* Decne.
- *Petalostelma* E.Fourn.
- *Rhyssostelma* Decne.
- *Tassadia* Decne.

- Subtribus Orthosiinae Liede & Rapini
  - *Jobinia* E.Fourn.
  - *Orthosia* Decne.
  - *Scyphostelma* Baill.
- Subtribus Oxypetalinae K.Schum.
  - *Amblyopetalum* (Griseb.) Malme
  - *Araujia* Brot.
  - *Funastrum* E.Fourn.
  - *Morrenia* Lindl.
  - *Oxypetalum* R.Br.
  - *Philibertia* Kunth
  - *Schistogyne* Hook. & Arn.
  - *Stenomeria* Turcz.
  - *Tweedia* Hook. & Arn.
  - *Widgrenia* Malme
- Subtribus Gonolobinae (G.Don) Liede
  - *Dictyanthus* Decne.
  - *Fischeria* DC.
  - *Gonolobus* Michx.
  - *Gyrostelma* E. Fourn.
  - *Macroscepis* Kunth
  - *Matelea* Aubl.
  - *Pherotrichis* Decne.
  - *Polystemma* Decne.
  - *Prosthecidiscus* Donn.Sm.
  - *Rojasia* Malme
  - *Schubertia* Mart.
  - *Stelmagonum* Baill.
  - *Trichosacme* Zucc.

- Asclepiadeae incertae sedis (Unsichere Stellung)
  - *Calciphila Liede & Meve*
  - *Diplolepis* R.Br.
  - *Emicocarpus* K.Schum. & Schltr.
  - *Eustegia* R.Br.
  - *Oxystelma* R.Br.
  - *Pentacyphus* Schltr.
  - *Seshagiria* Ansari & Hemadri

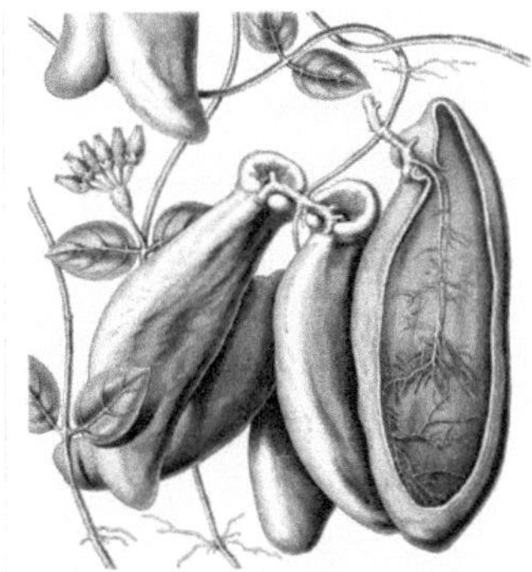

Illustration der Urnenpflanze (*Dischidia rafflesiana*).

Laubblätter und Blütenstand von *Dregea sinensis*.

- *Solenostemma* Hayne

Weitere Bilder

Arten, die als Aasblume bezeichnet werden:

Kranzschlinge (*Stephanotis floribunda*), wird auch als Zimmerpflanze genutzt.

Habitus, Laubblätter und Blütenstände von *Telosma cordata*.

Blüten von *Anomalluma dodsoniana* mit Fliege.

Brachystelma caffrum

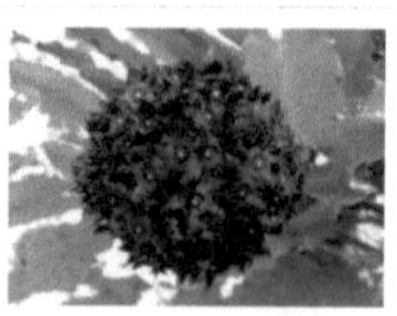
Caralluma acutangula, bei Yomboli, Burkina Faso.

Duvalia corderoyi in Blüte.

Hoodia gordonii im Biedouw Valley in der Karoo.

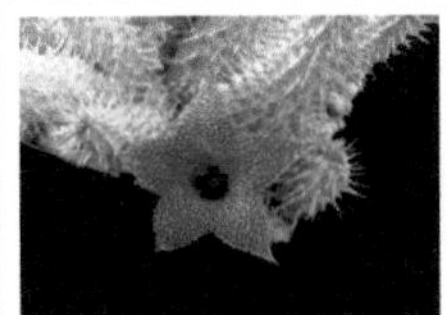
Huernia asperia

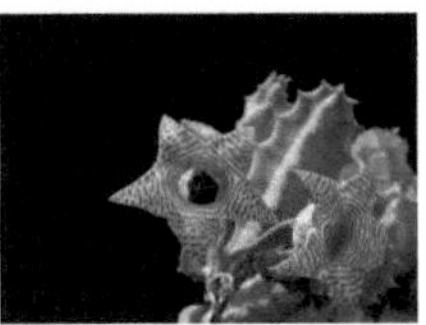
Huernia striata

Orbea variegata

Piaranthus geminatus var. *geminatus* globosus in Blüte.

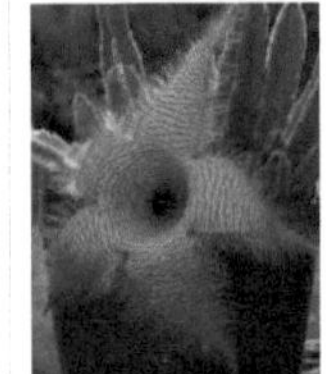
Stapelia gigantea

Quellen

- Die Asclepiadoideae in der Familie der Apocynaceae [5] bei der APWebsite. [6] (Abschnitt Systematik und Beschreibung)
- Die Familie der Asclepiaceae [7] bei DELTA. [8] (Abschnitt Beschreibung, dort noch als Familie)
- Bingtao Li, Michael G. Gilbert & W. Douglas Stevens: *Asclepiaceae* in der *Flora of China*, Volume 16, 1997, S. 189: Online. [9] (Abschnitt Beschreibung, dort noch als Familie)
- Beschreibung in der Western Australian Flora. [10] (Abschnitt Beschreibung)

Einzelnachweise

[1] Bingtao Li, Michael G. Gilbert, W. Douglas Stevens: *Asclepiadaceae*, In: *Flora of China*, Band 16, S. 189. (online) (http://www.efloras.org/florataxon.aspx?flora_id=2&taxon_id=10066)

[2] M.A. Fischer, K. Oswald, W. Adler: *Exkursionsflora für Österreich, Liechtenstein und Südtirol*. Dritte Auflage, Land Oberösterreich, Biologiezentrum der OÖ Landesmuseen, Linz 2008, ISBN 978-3-85474-187-9

[3] Gilbert Thomas Burnett: *Outlines of Botany*. London 1835, S. 1012 (online) (http://www.archive.org/stream/outlinesbotany00burngoog#page/n833/mode/1up).

[4] Mary E. Endress, Sigrid Liede-Schumann, Ulrich Meve: *Advances in Apocynaceae: The enlightenment, an Introduction*. In: *Annals of the Missouri Botanical Garden*. Band 94, Nummer 2, 2007, S. 259–267 doi: http://dx.doi.org/10.3417/0026-6493(2007)94[259:AIATEA]2.0.CO;2 (http://dx.doi.org/http://dx.doi.org/10.3417/0026-6493(2007)94[259:AIATEA]2.0.CO;2).

[5] http://www.mobot.org/MOBOT/Research/APweb/orders/gentianalesweb.htm#Apocynaceae

[6] http://www.mobot.org/MOBOT/Research/APweb/welcome.html

[7] http://delta-intkey.com/angio/www/asclepia.htm

[8] http://delta-intkey.com/angio

[9] http://www.efloras.org/florataxon.aspx?flora_id=2&taxon_id=10066

[10] http://florabase.calm.wa.gov.au/browse/profile/22896

Weblinks

- Eintrag in der Flora of Zimbabwe. (http://www.zimbabweflora.co.zw/speciesdata/family.php?family_id=22) (engl.)
- Bebilderte Übersicht zu den Asclepiadoideae. (http://www.asclepidarium.de/)

Art_(Biologie)

Die **Art** oder **Spezies** (lat. *species* „Art") ist die Grundeinheit der biologischen Systematik. Eine allgemeine Definition der *Art* oder *Spezies*, die die theoretischen und praktischen Anforderungen aller biologischen Teildisziplinen gleichermaßen erfüllt, ist bislang nicht gelungen. Vielmehr existieren in der Biologie verschiedene Artkonzepte, die zu unterschiedlichen Klassifikationen führen.

Das Problem der Artdefinition besteht eigentlich aus zwei Teilproblemen: Gruppenbildung (Welche Individuen gehören zusammen?) und Rangbildung (Welche der zahlreichen, ineinander geschachtelten Gruppen abgestufter Ähnlichkeiten und Beziehungen wollen wir "Art" nennen?)[1] . Die Hauptunterschiede der verschiedenen Artkonzepte liegen dabei auf der Ebene der Rangbildung. Eine Gruppe von Lebewesen unabhängig von ihrem Rang nennen Taxonomen eine *Sippe* oder ein *Taxon*.

Historisches

In die Fachsprache der Naturforscher wurde die Bezeichnung *Art* bereits aufgenommen, als deren Vertreter noch von der Konstanz der Arten überzeugt waren: Da Gott jede Art in einem getrennten Schöpfungsakt erzeugt habe, könne man jede Art prinzipiell und eindeutig von den anderen Arten unterscheiden. Obwohl man bald erkannte, dass dieser Artbegriff mit dem Prozess der Evolution und der Erkenntnis, dass es Übergangsformen heute bekannter Arten gibt, kaum vereinbar ist, wurde der so etablierte Artbegriff bis in die Gegenwart beibehalten, um den Preis, dass keine der heute gängigen Definitionen, für sich alleine betrachtet, sämtliche bekannten Arten taxonomisch zweifelsfrei abgrenzen kann.

In der ursprünglichen Definition beschreibt der Artbegriff also eine Gruppe von Organismen, die so viele unverwechselbare morphologische bzw. physiologische Merkmale gemeinsam haben, dass sie anhand der Kombination dieser Merkmale gegenüber jeder anderen so definierten Gruppe abgrenzbar sein sollen. Dieser Vorstellung von der Art als einer abstrakten Klasse von Objekten mit gemeinsamen Merkmalen stehen moderne Konzepte gegenüber, die Arten als reale Naturgegenstände begreifen und die Art als eine geschlossene Fortpflanzungs- und Abstammungsgemeinschaft definieren, die eine genetische, ökologische und evolutionäre Einheit bildet.

Artenzahl

Anfang des 21. Jahrhunderts waren zwischen 1,5 und 1,75 Millionen Arten beschrieben, davon rund 500.000 Pflanzen.[2] Es ist jedoch davon auszugehen, dass es sich bei diesen nur um einen Bruchteil aller existierenden Arten handelt. Schätzungen gehen davon aus, dass die Gesamtzahl aller Arten der Erde deutlich höher ist. Die extremsten Annahmen reichten dabei Ende der 1990er-Jahre bis zu 117,7 Millionen Arten; am häufigsten jedoch wurden Schätzungen zwischen 13 und 20 Millionen Arten angeführt.[3] [4] Eine 2011 veröffentlichte Studie schätzte die Artenzahl auf 8,7 ± 1,3 Millionen, davon 2,2 ± 0,18 Millionen Meeresbewohner.[5]

Auch über die Gesamtzahl aller Tier- und Pflanzenarten, die seit Beginn des Phanerozoikums vor 542 Mio. Jahren entstanden ist, liegen nur Schätzungen vor. Wissenschaftler gehen von etwa einer Milliarde Arten aus, manche rechnen sogar mit 1,6 Milliarden Arten. Weit unter einem Prozent dieser Artenvielfalt ist fossil erhalten geblieben, denn die Bedingungen für eine Fossilwerdung sind generell ungünstig, und zudem sind viele Fossilien im Laufe der

Jahrmillionen von der Erosion und Plattentektonik zerstört worden. Forscher haben bis 1993 rund 130.000 fossile Arten wissenschaftlich beschrieben.[6]

Essentialistisches und typologisches Artkonzept

Über die Ordnung der Natur und somit über die Probleme der Definition von Arten haben sich Philosophen schon seit Aristoteles Gedanken gemacht. Der daraus hervorgegangene essentialistische Artbegriff, auf den die „essentialistische Taxonomie“ zurückgeführt werden kann, spielt heute allerdings in der Biologie keine Rolle mehr.

Die ersten abendländischen Naturforscher hatten keine genaue Vorstellung von der Formenvielfalt der Erde oder ihrer Entstehung. Ihre Arbeiten entstanden lange vor der Entwicklung der Evolutionstheorie. In dem Glauben, Gott habe eine endliche Anzahl diskreter Arten erschaffen, begann man damit, sie zu kategorisieren. Beeinflusst durch die Philosophie Platons und Aristoteles nahmen Carl von Linné und seine Schüler an, dass die einzelnen Individuen einer Art in keiner speziellen Beziehung zueinander stünden, sondern lediglich verschiedene Erscheinungsformen einer Idee (eidos) oder eines Typus seien. Variationen (→ Varietät), also Abweichungen vom Ideal, interpretierten sie als Resultat einer unvollkommenen Manifestation desjenigen Idealtypus, der das Wesen oder die Essenz der jeweiligen Art verkörpern sollte. Gemäß dieser essentialistischen Auffassung lassen sich die Arten an ihrer *essentiellen Natur* oder ihren *typischen Merkmalen* erkennen, welche ihren Ausdruck in der Morphologie finden. Eine Spezies galt als unveränderlicher Typus, der von allen anderen Typen durch eine unüberbrückbare Kluft getrennt ist, und jede Spezies sollte anhand einer Reihe *spezifischer* Eigenschaften oder Merkmale, an denen man sie von anderen Arten unterscheiden kann, identifiziert werden können.

Dieser Artbegriff wird essentialistischer oder typologischer Artbegriff genannt. Er bot den Vorteil, dass er auf die Objekte der belebten und der unbelebten Natur gleichermaßen anwendbar war und zudem unmittelbar einleuchtend schien. Eine Gruppe Objekte wurde als Art bezeichnet, wenn sie sich von einer anderen, ähnlichen Klasse hinreichend stark unterschied, und Objekte wurden einer Art zugeordnet, wenn sie über diejenigen Merkmale verfügten, die als *arttypisch* angesehen wurden.

Die grundlegende Methode des typologischen Artkonzepts nutzt zur Klassifizierung Eigenschaften, die in der belebten wie unbelebten Natur vorkommen können: physikalische und chemische Eigenschaften, Größe, Anzahl und Symmetrie. Klassifizierungssysteme für Sterne oder Chemische Elemente unterscheiden sich daher bei diesem Konzept methodisch nicht grundsätzlich vom typologischen Artkonzept der Biologie, lediglich die verwendeten Eigenschaften sind teilweise andere.

Der typologische Artbegriff stellt damit ein notwendiges historisches Durchgangsstadium dar, da es zunächst einmal galt, die natürliche Formenvielfalt zu erfassen und zu beschreiben – und in denjenigen Wissenschaften, die die unbelebte Natur zum Gegenstand haben, hat sich das typologische Artkonzept auch tatsächlich bewährt; auf theoretische und praktische Schwierigkeiten dagegen stößt es, sobald man es auf biologische Systeme anwendet.

Gleichwohl werden in der Biologie nach wie vor häufig morphologische, ethologische und physiologische Eigenschaften mit den Methoden der Typologie ausgewertet, und man spricht dann im Einzelnen auch vom morphologischen, ethologischen oder physiologischen Artkonzept.

Morphologisches und ethologisches Artkonzept

Löwe

Typologisch definierte Arten sind Gruppen von Organismen, die sich anhand von morphologischen Merkmalen (morphologisches Artkonzept) oder anhand ihres Verhaltens (ethologisches Artkonzept) voneinander unterscheiden lassen. Eine nach morphologischen Kriterien definierte Art wird Morphospezies genannt.

Beispiele:

- Pferd und Esel lassen sich morphologisch klar voneinander abgrenzen und gehören damit zu verschiedenen Morphospezies.
- Löwe und Tiger lassen sich morphologisch und im Verhalten klar voneinander abgrenzen:
  - Tiger sind gestreift und leben als Einzelgänger, die sich nur zur Paarungszeit treffen.
  - Löwen haben nur als Jungtiere manchmal ein Fleckenmuster, sind nicht gestreift, die Männchen haben eine mehr oder weniger stark entwickelte Mähne. Löwen leben normalerweise in Rudeln aus Weibchen mit ihren Jungtieren, und einem oder mehreren adulten Männchen.
  - Die Fellmerkmale und das Verhalten der Arten überlappen sich in ihrer Ausprägung nicht, und wenn (Liger und Tigons in Zoos), dann sind diese Zwischenformen viel seltener. Beides sind daher gut trennbare *Morphospezies* (bzw. *Ethospezies*).

Tiger

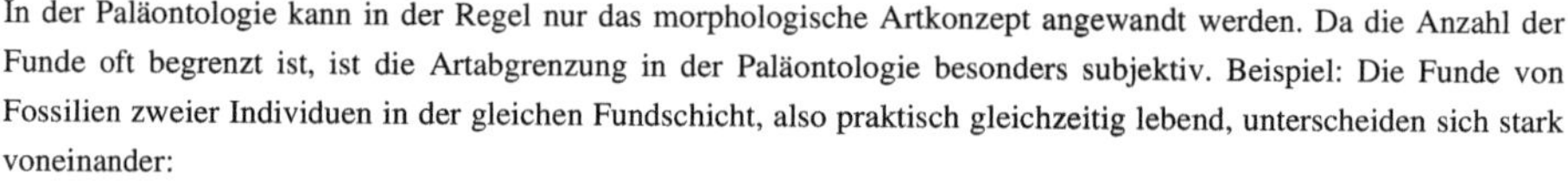

In der Paläontologie kann in der Regel nur das morphologische Artkonzept angewandt werden. Da die Anzahl der Funde oft begrenzt ist, ist die Artabgrenzung in der Paläontologie besonders subjektiv. Beispiel: Die Funde von Fossilien zweier Individuen in der gleichen Fundschicht, also praktisch gleichzeitig lebend, unterscheiden sich stark voneinander:

- Sie können jetzt zwei verschiedenen Arten zugeordnet werden, wenn man der Meinung ist, dass sie weit genug von einem morphologischen Typus abweichen. Sie können aber auch derselben Art zugeordnet werden, wenn man der Meinung ist, dass in dieser Art auch eine größere Variationsbreite, die die Funde mit einschließt, angenommen werden kann.
- Die Unterschiede können aber auch auf einen deutlichen Sexualdimorphismus (Unterschiede in der Erscheinung der Männchen und Weibchen) innerhalb einer Art zurückzuführen sein.

Diese Probleme werden mit zunehmender Zahl der Funde und damit Kenntnis der tatsächlichen Variationsbreite geringer, lassen sich aber nicht vollständig beseitigen.

Das morphologische Artkonzept findet häufig Verwendung in der Ökologie, Botanik und Zoologie. In anderen Bereichen, wie etwa in der Mikrobiologie oder in Teilbereichen der Zoologie, wie bei den Nematoden, versagen rein morphologische Arteinteilungsversuche weitgehend.

Problematik der morphologischen Abgrenzung

- Die Natur ist kein starres System, sondern in stetiger Veränderung begriffen. Unter dem Einfluss verschiedener Evolutionsfaktoren verändern sich Populationen graduell, gelegentlich auch sprunghaft von Generation zu Generation. Ein unveränderlicher Typus ist daher mit den Erkenntnissen der Evolutionsbiologie nicht vereinbar. *In der belebten Natur gibt es keine Typen oder Essenzen* (Ernst Mayr 1998).
- Eine Kategorisierung anhand morphologischer Merkmale ist nicht objektivierbar. Eine auf bloßer Unterscheidbarkeit basierende Einteilung hängt stets davon ab, wie genau man die verschiedenen Individuen oder Populationen untersucht und an welchen Kriterien die „Verschiedenheit" festgemacht wird, was viel Raum für Willkür und Interpretation lässt. Je genauer die Untersuchungsmethoden, desto mehr Unterschiede zwischen verschiedenen Individuen und Populationen werden auffällig. In der Konsequenz würde jede noch so kleine intraspezifische Variation zu einem eigenen Taxon erklärt, wenn der jeweilige Taxonom den Unterschied für *wesentlich* erachtet. Durch die Existenz von Hybrid- und Übergangsformen wird das Problem zusätzlich verschärft, weil hier eine eindeutige, nicht willkürliche Abgrenzung nach morphologischen Gesichtspunkten kaum möglich ist.
- Der morphologische Artbegriff ist nicht konsequent durchzuhalten, weil er häufig im Widerspruch zur beobachtbaren biologischen Realität steht. In der Praxis ergibt sich diese Einschränkung u. a. aus der Existenz intraspezifischer Polymorphismen. Eine Reihe Spezies durchläuft während ihrer Individualentwicklung verschiedene Stadien (z. B. Larve → Fliege, Raupe → Schmetterling) in denen der jeweilige Phänotyp drastischen Veränderungen unterworfen ist. Häufig sind Sexualdimorphismen anzutreffen, Arten in denen männliche und weibliche Individuen unterschiedliche Phänotypen ausbilden. Beispielsweise ordnete Linné Männchen und Weibchen der Stockente ursprünglich zwei verschiedenen Arten zu (Als man den Fehler erkannte, wurden beide zu einer Art zusammengefasst, obwohl sich natürlich an ihrer Unterschiedlichkeit nichts geändert hatte).
- Viele Spezies zeichnen sich durch eine hohe phänotypische Plastizität aus. Ein Phänotyp ist nicht vollständig durch den Genotyp determiniert, sondern das Ergebnis der Wechselwirkung von Genotyp und Umwelt. Ein und derselbe Genotyp kann je nach Umwelt- und Lebensbedingungen unterschiedliche Standortformen hervorbringen, welche nach morphologischen Kriterien verschiedenen Taxa angehörten, obwohl sie genetisch völlig identisch sein können (z. B. im Falle von Ablegern). Beispielsweise variiert die Blattform des Löwenzahns sehr stark in Abhängigkeit von Niederschlagsmenge, Sonnenstrahlung und Jahreszeit zum Zeitpunkt der Blattbildung.
- Es gibt auch die umgekehrte Situation: Biologisch völlig verschiedene Arten können aufgrund ähnlicher Selektionsbedingungen in ihrem Phänotyp konvergieren, sodass sie rein äußerlich nicht mehr ohne Weiteres zu unterscheiden sind, so genannte Zwillingsarten. Das gleiche Problem stellt sich bei den kryptischen Arten.
- Schließlich erwies sich ein rein morphologisches Abgrenzungskriterium als nicht zuverlässig genug, weil die Variationen innerhalb einer Fortpflanzungsgemeinschaft größer sein können als diejenigen zwischen morphologisch ähnlichen, also Populationen desselben „Typus", welche jedoch keine Fortpflanzungsgemeinschaft bilden.

Physiologisches Artkonzept bei Bakterien

Bakterien zeigen nur wenige morphologische Unterscheidungsmerkmale und weisen praktisch keine Rekombinationsschranken auf. Deshalb wird der Stoffwechsel als Unterscheidungskriterium von Stämmen herangezogen. Weil ein allgemein akzeptiertes Artkriterium fehlt, stellen Bakterienstämme so die derzeit tatsächlich verwendete Basis zur Unterscheidung dar. Anhand biochemischer Merkmale wie etwa der Substanz der Zellwand unterscheidet man die höheren Bakterientaxa.

Man testet an bakteriellen Reinkulturen zu ihrer „Artbestimmung" deren Fähigkeit zu bestimmten biochemischen Leistungen, etwa der Fähigkeit zum Abbau bestimmter „Substrate", z. B. seltener Zuckerarten. Diese Fähigkeit ist sehr einfach erkennbar, wenn das Umsetzungsprodukt einen im Kulturmedium zugesetzten Farbindikator umfärben kann. Durch Verimpfung einer Bakterienreinkultur in eine Reihe von Kulturgläsern mit Nährlösungen, die jeweils nur ein bestimmtes Substrat enthalten („Selektivmedien"), bekommt man eine sog. „Bunte Reihe", aus deren Farbumschlägen nach einer Tabelle die Bakterienart bestimmt werden kann. Dazu wurden halbautomatische Geräte („Mikroplatten-Reader") entwickelt.

Seit entsprechende Techniken zur Verfügung stehen (PCR) werden Bakterienstämme auch anhand der DNA-Sequenzen identifiziert oder unterschieden. Ein weithin akzeptiertes Maß ist, dass Stämme, die weniger als 70 % ihres Genoms gemeinsam haben, als getrennte Arten aufzufassen sind. Ein weiteres Maß beruht auf der Ähnlichkeit der 16S-rRNA-Gene. Nach DNA-Analysen waren dabei weniger als 1 % der in natürlichen Medien gefundenen Stämme auf den konventionellen Nährmedien vermehrbar. Auf diese Weise sollen in einem ml Boden bis zu 100.000 verschiedene Bakteriengenome festgestellt worden sein, die als verschiedene Arten interpretiert wurden. Dies ist nicht zu verwechseln mit der Gesamtkeimzahl, die in der gleichen Größenordnung liegt, aber dabei nur „wenige" Arten umfasst, die sich bei einer bestimmten Kulturmethode durch die Bildung von Kolonien zeigen.

Diese Unterscheidungskriterien sind rein pragmatisch. Auf welcher Ebene der Unterscheidung man hier Stämme als Arten oder gar Gattungen auffasst, ist eine Sache der Konvention. Die physiologische oder genetische Artabgrenzung bei Bakterien entspricht methodisch dem typologischen Artkonzept. Sie leidet oft an ähnlichen Problemen wie das morphologische Artkonzept in der Paläontologie; dies beruht auf ebenfalls oft kleinen Datenmengen. Ernst Mayr, leidenschaftlicher Anhänger des biologischen Artkonzepts, meint daher: „Bakterien haben keine Arten".

Einige Autoren (z.B.[7]) machen darauf aufmerksam, dass, entgegen manchen Anschauungen, Transformationen, Transduktionen und Konjugationen (als Wege des DNA-Tauschs zwischen Stämmen) keinesfalls wahllos, sondern zwischen bestimmten Formen bevorzugt, zwischen anderen quasi nie ablaufen. Demnach wäre es prinzipiell möglich, ein Artkonzept entsprechend dem biologischen Artkonzept bei den Eukaryonten zu entwickeln. Andere [8] versuchen auf Basis von Ökotypen, ein Artkonzept zu entwickeln.

Biologisches oder populationsgenetisches Artkonzept

Gegen Ende des 19., Anfang des 20. Jahrhunderts begann sich in der Biologie allmählich das Populationsdenken durchzusetzen, was Konsequenzen für den Artbegriff mit sich brachte. Aus dem Umstand, dass typologische Klassifizierungsschemata die realen Verhältnisse in der Natur nicht oder nur unzureichend abzubilden vermochten, erwuchs für die biologische Systematik die Notwendigkeit einen neuen Artbegriff zu entwickeln, der nicht auf abstrakter Unterschiedlichkeit oder subjektiver Einschätzung basiert, sondern auf objektiven Kriterien. Diese Definition wird als *biologische Artdefinition* bezeichnet, *„Sie heißt „biologisch" nicht deshalb, weil sie mit biologischen Taxa zu tun hat, sondern weil ihre Definition eine biologische ist. Sie verwendet Kriterien, die, was die unbelebte Welt betrifft bedeutungslos sind.* "[9] Eine biologisch definierte Art wird als *Biospezies* bezeichnet.

Der neue Begriff stützte sich auf zwei Beobachtungen: Zum einen setzen sich Arten aus Populationen zusammen und zum anderen existieren zwischen Populationen unterschiedlicher Arten biologische Fortpflanzungsbarrieren. *„Die* [biologische] *Art besitzt zwei Eigenschaften, durch die sie sich grundlegend von allen anderen taxonomischen Kategorien, etwa dem Genus, unterscheidet. Erstens einmal erlaubt sie eine nichtwillkürliche Definition – man könnte sogar soweit gehen, sie als „selbstoperational" zu bezeichnen –, indem sie das Kriterium der Fortpflanzungsisolation gegenüber anderen Populationen hervorhebt. Zweitens ist die Art nicht wie alle anderen Kategorien auf der Basis von ihr innewohnenden Eigenschaften, nicht aufgrund des Besitzes bestimmter sichtbarer Attribute definiert, sondern durch ihre Relation zu anderen Arten.* "[10]

Die Fortpflanzungsfähigkeit bildet den Kern des biologischen Artbegriffs oder der Biospezies. Eine Biospezies ist eine Gruppe sich tatsächlich oder potentiell kreuzender (Kreuzung) Individuen (Populationen), die voll fertile Nachkommen hervorbringen:

- *Eine Art ist eine Gruppe natürlicher Populationen, die sich untereinander kreuzen können und von anderen Gruppen reproduktiv isoliert sind.*

Dabei sollen die Isolationsmechanismen zwischen den einzelnen Arten biologischer Natur sein, also nicht auf äußeren Gegebenheiten, räumlicher oder zeitlicher Trennung basieren, sondern Eigenschaften der Lebewesen selbst sein:

- *Isolationsmechanismen sind biologische Eigenschaften einzelner Lebewesen, die eine Kreuzung von Populationen verschiedener sympatrischer Arten verhindern.*

Die Kohäsion der Biospezies, ihr genetischer Zusammenhalt, wird durch physiologische, ethologische, morphologische und genetische Eigenschaften gewährleistet, die gegenüber artfremden Individuen isolierend wirken. Da die Isolationsmechanismen verhindern, dass nennenswerte zwischenartliche Bastardierung stattfindet, bilden die Angehörigen einer Art eine Fortpflanzungsgemeinschaft; zwischen ihnen besteht Genfluss, sie teilen sich einen Genpool und bilden so eine Einheit, in der evolutionärer Wandel stattfindet.

Tigon (Vater Tiger, Mutter Löwe)

Beispiele:

- Pferd und Esel sind zwar kreuzbar (Maultier, Maulesel), haben aber aufgrund einer genetischen Barriere keine fruchtbaren Nachkommen, bilden damit verschiedene Biospezies.
- Löwe und Tiger sind zwar unter künstlichen Bedingungen (Zoo) kreuzbar, (Großkatzenhybride: Liger Tigon) und haben im Zoo unter Umständen auch fruchtbare Nachkommen. In der Natur leben sie zwar teilweise in gemeinsamen Verbreitungsgebieten, natürliche Hybriden wurden bisher jedoch nicht nachgewiesen, was den Schluss nahelegt, dass sie sich nicht verpaaren. Sie gelten aufgrund ethologischer Barrieren als verschiedene Biospezies.

Problematik

- Geographisch deutlich getrennte Populationen sind, da sie sich in der Natur nicht kreuzen können, nach dem biologischen Artkonzept schwierig zu fassen. Nach der Theorie der allopatrischen Artbildung sind sie quasi „Arten im Entstehungsprozess“. Eine prinzipielle Schwierigkeit besteht eigentlich nicht, da die Frage experimentell entschieden werden kann (wenn keine biologischen Isolationsmechanismen evolviert sind, ist es noch dieselbe Art). Allerdings neigt das phylogenetische Artkonzept (s.u.) dazu, solche Populationen immer als getrennte Arten zu fassen.
- Das biologische Artkonzept enthält in der ursprünglichen Fassung keinen Zeitbegriff. Untereinander kreuzen können sich evidenterweise nur gleichzeitig lebende Organismen. Ein Kriterium, ob früher lebende Organismen zur selben Art zu zählen sind oder nicht, wird dadurch nicht gegeben (im Extremfall bereits die vorjährigen Individuen einer Art mit einjährigem Entwicklungszyklus). Spätere Erweiterungen des Konzepts (zuerst wohl Simpson 1951[11]) versuchten, dies durch Bezug auf evolutionär definierbare Einheiten zu überwinden.

Orchideen

- Arten, die sich nur ungeschlechtlich vermehren, werden durch die Definition des biologischen Artkonzepts nicht erfasst. Sie werden als Agamospezies bezeichnet. Hierzu gehören einige Protisten, einige Pilze, einige Pflanzen, wie die kultivierte Form der Banane (siehe hierzu auch Genet), sowie einige Tiere (mit parthenogenetischer Vermehrung). Agamospezies haben auch keinen Genpool und sind somit auch nach dem populationsgenetischen Artkonzept keine Arten.
- Viele Tier- und Pflanzenarten kreuzen sich auch in der Natur untereinander fruchtbar (Introgression), wie zum Beispiel verschiedene Steinkorallengattungen oder Mehlbeer-Bäume sowie verschiedene Arten aus der Familie der Lebendgebärenden Zahnkarpfen jeweils innerhalb einer Gattung, wie beispielsweise Platy und Schwertträger in der Gattung Xiphophorus. Orchideen können sich zum Teil sogar über Gattungsgrenzen hinweg fruchtbar kreuzen. Diese Hybriden sind in der Natur in der Minderheit, die verschiedenen morphologisch beschriebenen Orchideenarten bleiben daher nach dem morphologischen Artkonzept unterscheidbar. Nach dem biologischen Artkonzept handelt es sich dann um getrennte Arten, wenn sich Isolationsmechanismen herausgebildet haben, die eine Hybridisierung normalerweise verhindern, auch wenn sie physiologisch möglich wäre, z. B. klimabedingte Unterschiede bei Tieren in der Fortpflanzungszeit oder bei Pflanzen in der Blütezeit. Diese Mechanismen können zusammenbrechen (z. B. durch menschliches Eingreifen oder drastische Änderungen der Umwelt durch Klimaveränderungen). Dadurch werden dem Konzept nach vorher getrennte Arten wieder zu einer Art (z. B. bei manchen Orchideenarten in Mitteleuropa beobachtet). Derselbe Vorgang kann aber auch natürlich ablaufen (introgressive Hybridisierung).

Das biologische Artkonzept findet häufig Verwendung in der Ökologie, Botanik und Zoologie, besonders in der Evolutionsbiologie. In gewisser Weise bildet es das Standardmodell, aus dem die anderen modernen Artkonzepte abgeleitet sind oder gegen welches sie sich in erster Linie abgrenzen. Die notwendigen Charaktere (Fehlen natürlicher Hybriden/gemeinsamer Genpool) sind bisweilen umständlich zu überprüfen, in bestimmten Bereichen, wie etwa in der Paläontologie, versagen biologische bzw. populationsgenetische Artabgrenzungen weitgehend.

Phylogenetisches oder evolutionäres Artkonzept

Eine Art ist eine (monophyletische) Abstammungsgemeinschaft aus einer bis vielen Populationen. Eine Art beginnt nach einer Artspaltung (siehe Artbildung, Kladogenese) und endet

1. wenn alle Individuen dieser Art, ohne Nachkommen zu hinterlassen, aussterben oder
2. wenn aus dieser Art durch Artspaltung zwei neue Arten entstehen.

Phylogenetische Anagenese ist die Veränderung einer Art im Zeitraum zwischen zwei Artspaltungen, also während ihrer Existenz. Solange keine Aufspaltung erfolgt, gehören alle Individuen zur selben Art, auch wenn sie unter Umständen morphologisch unterscheidbar sind.

Das phylogenetische Artkonzept beruht auf der phylogenetischen Systematik oder „Kladistik“ und besitzt nur im Zusammenhang mit dieser Sinn. Im Rahmen des Konzepts sind Arten objektive, tatsächlich existierende biologische Einheiten. Alle höheren Einheiten der Systematik werden nach dem System „Kladen“ genannt und sind (als monophyletische Organismengemeinschaften) von Arten prinzipiell verschieden. Durch die gabelteilige (dichotome) Aufspaltung besitzen alle hierarchischen Einheiten oberhalb der Art (Gattung, Familie etc.) keine Bedeutung, sondern sind nur konventionelle Hilfsmittel, um Abstammungsgemeinschaften eines bestimmten Niveaus zu bezeichnen. Der wesentliche Unterschied liegt weniger in der Betrachtung der Art als in derjenigen dieser höheren Einheiten. Nach dem phylogenetischen Artkonzept können sich Kladen überlappen, wenn sie hybridogenen

Ursprungs sind.

Problematik

- Jede Art und jede Artaufspaltung in diesem Modell muss zunächst, dem typologischen oder dem biologischen Artkonzept folgend, definiert werden. Dabei können die beim jeweiligen Artkonzept bereits besprochenen Schwierigkeiten auftreten. Das phylogenetische Artkonzept vereinfacht lediglich die Betrachtung zwischen zwei Artaufspaltungen, indem alle Populationen dieser Zeitspanne zu einer Art zusammengefasst werden. Ernst Mayr meint daher: „Es gibt nur zwei Art-Konzepte, alles andere sind Definitionen“ (Siehe unter „Zitate“)

Zusätzlich kommen folgende Schwierigkeiten hinzu:

- Eine monophyletische Abstammungsgemeinschaft ist nicht unbedingt erkennbar. Der fehlende Nachweis morphologischer und genetischer Unterschiede kann eine bereits erfolgte Aufspaltung nicht ausschließen.
- Phylogenetische Aufgabelungen sind oft nicht symmetrisch und sind in einer der beiden abgespalteten Linien zuweilen ohne genetische und morphologische Folgen. Die Artgrenzen des phylogenetischen Artkonzepts können daher kaum nachvollziehbar, zu bestimmten Zeitpunkten, sich fertil kreuzende und morphologisch einheitliche Populationen trennen. Wenn eine kleine Gruppe einer Art von einem Kontinent auf eine Insel verfrachtet wird und dort z. B. aufgrund von starker Selektion schnelle Artbildung einsetzt – warum sollte dann aus den, auf dem Kontinent zurückgebliebenen Lebewesen der Ursprungsart, die sich unter Umständen nicht oder nicht nachweisbar verändern, eine neue Art werden?
- Die Evolution vieler Taxa verläuft reticulat, das heißt vernetzt, und nicht linear sich aufgabelnd. Morphospezies und Biospezies können (zumindest in Einzelfällen) auf verschiedene Abstammungslinien zurückgehen und daher para- oder polyphyletisch sein.

Chronologisches Artkonzept

Ein weiterer Versuch, Arten in der Zeit klar abzugrenzen, ist das chronologische Artkonzept (Chronospezies). Auch hier wird die Art zunächst anhand eines anderen Artkonzepts definiert (meist das morphologische Artkonzept). Und dann werden nach den Kriterien dieses Konzepts auch die Artgrenzen zwischen in einer Region aufeinanderfolgenden Populationen definiert. Dieses Konzept findet vorwiegend in der Paläontologie Anwendung und ist daher in der Regel eine Erweiterung des morphologischen Artkonzeptes um den Faktor Zeit:

> Eine Art wird durch eine Sequenz zeitlich aufeinander folgender Populationen charakterisiert, deren Individuen innerhalb einer bestimmten morphologischen Variationsbreite liegen.

Dieses Konzept ist dann gut anwendbar, wenn praktisch lückenlose Fundfolgen vorliegen. Die beim morphologischen Artkonzept bereits besprochenen Probleme können auftreten.

Art als Taxon

Der wissenschaftliche Name einer Art (oft lateinischen oder griechischen Ursprungs) setzt sich nach der von Carl von Linné 1753 eingeführten *binominalen Nomenklatur* aus zwei Teilen zusammen, die beide kursiv geschrieben und für die in der Botanik und in der Zoologie unterschiedliche Begriffe gebraucht werden. Der erste Teil dieses Namens wird in beiden Disziplinen großgeschrieben und als Gattungsname bezeichnet. Der zweite Teil wird immer kleingeschrieben und in der Botanik als Epitheton („specific epithet“) bezeichnet.

- Beispiel: Bei der Rotbuche (*Fagus sylvatica*) bezeichnet der Namensteil *Fagus* die zutreffende Gattung, *sylvatica* ist das Artepitheton.

In der Zoologie wird der zweite Teil als Artname („specific name“) bezeichnet, was in der deutschen Sprache verwirrend sein kann, denn im deutschsprachigen Nomenklaturcode wird auch der aus Gattung und Art bestehende zweiteilige Gesamtname („species name“ oder „name of a species“) als Artname bezeichnet. Um in Zweifelsfällen eine Eindeutigkeit herzustellen, werden entweder die eindeutigen englischen Begriffe verwendet oder hinzugefügt, oder gelegentlich und informell auch Begriffe wie „epithetum specificum“ oder „epitheton specificum“[12]

- Beispiel: Beim Löwen (*Panthera leo*) bezeichnet der Namensteil *Panthera* die zutreffende Gattung, *leo* ist der Artname („specific name“).

Vollständig wird der wissenschaftliche Artname erst dann, wenn noch die Autoren beigefügt werden, die die Art als erstes beschrieben haben, sowie die eventuell notwendigen Klammern. Im Geltungsbereich des International Code of Botanical Nomenclature werden die Autorennamen meist abgekürzt, „L.“ steht beispielsweise für Linné.

- Beispiel: Shiitake *Lentinula edodes* (Berk.) Pegler
  M. J. Berkeley hat die Art zuerst beschrieben, D. Pegler hat sie in das heute gültige System eingeordnet.

In der Zoologie ist das Hinzufügen von Autor und Jahr optional, *Panthera leo* ist also ein völlig korrekt zitierter Name. Nach den Regeln des International Code of Zoological Nomenclature können bei Bedarf noch Autor(en) (nach Möglichkeit nicht abgekürzt) und Jahr hinzugefügt werden (oder Autor(en) alleine ohne das Jahr). Wenn die Art heute in anderen Gattungen zitiert wird als in der, in der sie ursprünglich beschrieben worden war, müssen Autor(en) und Jahr in Klammern gesetzt werden. Zwischen Autor und Jahr wird meist ein Komma gesetzt (was aber nicht vorgeschrieben ist).

- Beispiel: Löwe *Panthera leo* (Linnaeus, 1758)
  Carl Nilsson Linnæus hat die Großkatze zuerst und als *Felis leo* beschrieben. Wer sie zuerst in die heute meist für den Löwen verwendete Gattung *Panthera* Oken, 1816 gestellt hat, ist in der Zoologie nicht relevant. Statt Linnæus wird Linnaeus geschrieben.

Geschichtliche Entwicklung des Artbegriffes

Die Entwicklung des Artbegriffs ist eng mit der Entwicklung der Vorstellung von der Veränderlichkeit der Art verknüpft:

Der Beginn der wissenschaftlichen Klassifizierung der Lebewesen liegt im 18. Jahrhundert bei Carl von Linné, der die Fortpflanzungsorgane (zum Beispiel Blüten) als wesentliche Merkmale nahm. Er ging (bewusst oder unbewusst) von einem idealisierten Artbegriff aus: Nach dem Verständnis seiner Zeit stellte eine Art eine unveränderliche Einheit dar, und Linné versuchte, Standardexemplare jeder Art zu identifizieren. Die natürlich vorkommende Variabilität verstand er als Abweichungen oder Abartigkeiten.

Im Verlauf des 19. Jahrhunderts verdichteten sich die Beobachtungen, dass die Arten im Laufe ihrer Naturgeschichte Änderungen durchmachen. Charles Darwins Evolutionstheorie konnte diese Beobachtungen zusammenfassend erklären. Jedes Individuum vererbt die eigenen Merkmale an die Nachkommen. Variationen innerhalb von Populationen sind hierin keine Abweichungen von einer (ideellen) Norm, sondern zum Überleben der Art notwendig. Individuen mit ungeeigneten Merkmalen werden durch Selektion im Mittel weniger Nachkommen haben oder schneller sterben als ihre Speziesgenossen, und somit können sie ihre Merkmale nicht weitergeben. Damit wurde die gemeinsame Abstammung zum wesentlichen Merkmal der Bestimmung einer Art.

Eine Implikation der Theorie von Darwin ist, dass alles Leben auf der Erde von einer (oder einer Gruppe von) primitiven Organismen abstammen muss. Daher ist nicht die Tatsache der gemeinsamen Abstammung, sondern der Verwandtschaftsgrad ausschlaggebend für die Definition einer Art.

Eine zweite Implikation ist, dass eine Art nur zu einem bestimmten Zeitpunkt wohldefiniert ist. In der Vergangenheit können zwei Populationen, die heute als zwei Arten aufgefasst werden, eine Art gewesen sein. Beispielsweise geht man davon aus, dass der Eisbär sich vor einigen 10.000 bis wenigen 100.000 Jahren von einer in Sibirien lebenden Population des Braunbären abgespalten hat. In der Zukunft mag sich eine heutige Art in mehrere aufspalten.

Auswirkungen der Kriterien für Artabgrenzungen und der Wahl des Artkonzepts

Seit Darwin ist die Ebene der Art gegenüber unterscheidbaren untergeordneten (Lokalpopulationen) oder übergeordneten (Artengruppen bzw. höheren Taxa) nicht mehr besonders ausgezeichnet. Innerhalb der Taxonomie unterliegt die Artabgrenzung Moden und persönlichen Vorlieben, es gibt Taxonomen, die möglichst jede unterscheidbare Form in den Artrang erheben wollen („splitter") und andere, die weitgefasste Arten mit zahlreichen Lokalrassen und -populationen bevorzugen („lumper"). Auch das verwendete Artkonzept wirkt sich auf die Artenzahl aus. Es kann gezeigt werden, dass bei Verwendung des phylogenetischen Artkonzepts mehr Arten unterschieden werden als beim biologischen Artkonzept. Die Vermehrung der Artenzahl, z. B. innerhalb der Primaten, die ausschließlich auf das verwendete Artkonzept zurückgehen, ist als „taxonomische Inflation" bezeichnet worden.[13] Dies hat Folgen für angewandte Bereiche, wenn diese auf einem Vergleich von Artenlisten beruhen. Es ergeben sich unterschiedliche Verhältnisse beim Vergleich der Artenzahlen zwischen verschiedenen taxonomischen Gruppen, geographischen Gebieten, beim Anteil der endemischen Arten und bei der Definition der Schutzwürdigkeit von Populationen bzw. Gebieten im Naturschutz.

Siehe auch

- Ringspezies
- Unterart

Literatur

- Neil A. Campbell: *Biologie.* Spektrum Akademischer Verlag, Heidelberg 1997, S. 476 ff. ISBN 3-8274-0032-5
- Werner Kunz: *Was ist eine Art? In der Praxis bewährt, aber unscharf definiert.* In: *Biologie in unserer Zeit.* Wiley-VCH, Weinheim 32.2002,1, S. 10-19. ISSN 0045-205X [14]
- Ernst Mayr: *Das ist Leben – die Wissenschaft vom Leben.* Spektrum Akademischer Verlag, Heidelberg 1997. ISBN 3-8274-1015-0
- Ernst Mayr: *Animal Species and Evolution.* Belknap of Harvard University Press, Cambridge 1963, ^{6}1977; *Artbegriff und Evolution.* Parey, Hamburg-Berlin 1967 (deutsch).
- Ernst Mayr: *Grundlagen der zoologischen Systematik*, Blackwell Wissenschaftsverlag, Berlin 1975, ISBN 3-490-03918-1
- Ernst Mayr: *Evolution und die Vielfalt des Lebens*, Springer-Verlag, 1979, ISBN 3-540-09068-1
- Peter Ax: *Das Phylogenetische System.* Urban & Fischer Bei Elsevier, 1997. ISBN 3-437-30450-X
- Peter Ax: *Systematik in der Biologie*, Verlag Gustav Fischer, Stuttgart 1988, ISBN 3-437-20419-X
- Ernst Mayr: *Eine Neue Philosophie der Biologie.* R. Piper GmbH & Co. KG, München 1991. ISBN 3-492-03491-8. Originalausgabe: *Toward a New Philosophy of Biology.* The Belknap Press of Harvard University Press, Cambridge, Massachusetts und London 1988.
- Michael Ruse (hrsg.): *What the Philosophy of Biology is – Essays dedicated to David Hull.* Kluwer Academic Publishers, Dordrecht 1989. ISBN 90-247-3778-8. Für die Diskussion von Spezies besonders: J. Cracraft, M. T. Ghiselin, P. Kitcher, E. O. Wiley and M. B. Williams
- Peter Heuer: *Art, Gattung, System: Eine logisch-systematische Analyse biologischer Grundbegriffe.* Verlag Karl Alber, Freiburg i. Br. 2008, ISBN 978-3-495-48333-6

Für detaillierte und aktuelle Diskussionen spezieller Themen:

- Robert A. Wilson (hrsg.): *Species – New Interdisciplinary Essays.* The MIT Press, Cambridge, Massachusetts, London 1999. ISBN 0-262-23201-4
- Elliot Sober: *Philosophy of Biology.* Westview Press 2000 (second edition). ISBN 0-8133-9126-1

- Rainer Willmann: *Die Art in Raum und Zeit. Das Artkonzept in der Biologie und Paläontologie*, Parey, Hamburg 1985, ISBN 3-489-62134-4

Weblinks

- Neuer Wirt, neue Art (Artikel aus Telepolis) [15]
- Deutschland-Radio (15. Dezember 2005): Wissenschaftler schlägt Neudefinition des schwankenden Artbegriffs vor [16]
- Eintrag [17], in: *Stanford Encyclopedia of Philosophy* (englisch, inklusive Literaturangaben)

Einzelnachweise

[1] Christopher D. Horvath (1997): Discussion: Phylogenetic Species Concept: Pluralism, Monism, and History. Biology and Philosophy 12(2): 225-232, DOI: 10.1023/A:1006597910504

[2] Peter Sitte, Elmar Weiler, Joachim W. Kadereit, Andreas Bresinsky, Christian Körner: *Lehrbuch der Botanik für Hochschulen.* Begründet von E. Strasburger. Spektrum Akademischer Verlag, Heidelberg 2002 (35. Aufl.), S. 10, ISBN 3-8274-1010-X

[3] Joel Cracraft: *The seven great questions of systematic biology, an essential foundation for conservation and the sustainable use of biodiversity.* In: *Annals of the Missouri Botanical Garden*, Band 89, Nr. 2, 2002, S. 127-144, ISSN 0026-6493 (http://dispatch.opac.d-nb.de/DB=1.1/CMD?ACT=SRCHA&IKT=8&TRM=0026-6493)

[4] P. Hammond: *The current magnitude of biodiversity.* in: V. H. Heywood and R. T. Watson (Hrsg.): *Global Biodiversity Assessment.* Cambridge University Press, Cambridge 1995, S. 113-138. ISBN 0-521-56403-4

[5] Camilo Mora et al.: *How Many Species Are There on Earth and in the Ocean?* In: *PLoS Biol*, 9(8): e1001127, doi:10.1371/journal.pbio.1001127

[6] Peter Wellnhofer: *Die große Enzyklopädie der Flugsaurier.* Mosaik Verlag, München, 1993. S. 13. Aus: E. Kuhn-Schnyder (1977): *Die Geschichte des Lebens auf der Erde.* In: *Mitteilungen der Naturforschenden Gesellschaft des Kantons Solothurn*, 27. Der Beginn des Kambriums wird bei Wellnhofer allerdings mit 590 Mio. Jahren angegeben.

[7] Daniel Dykhuizen: Species Numbers in Bacteria. Proceedings of the California Academy of Sciences Volume 56, Supplement I, No. 6 (2005), pp. 62–71

[8] Frederick M. Cohan: What are bacterial species? Annual Review of Microbiology (2002) 56:457–87

[9] Ernst Mayr: *Evolution und die Vielfalt des Lebens*, Springer-Verlag, 1979, ISBN 3-540-09068-1, S. 234

[10] Ernst Mayr: *Evolution und die Vielfalt des Lebens*, Springer-Verlag, 1979, ISBN 3-540-09068-1, S. 234f

[11] Simpson, George G.: The species concept. Evolution 5(4) (1951): 285-298

[12] G. Becker (2001): Kompendium der zoologischen Nomenklatur. Termini und Zeichen, erläutert durch deutsche offizielle Texte. -- *Senckenbergiana Lethaea* 81 (1): 10 („epithetum specificum"), 12 („epitheton specificum"); Frankfurt am Main.

[13] Nick J. B. Isaac, James Mallet, Georgina M. Mace: *Taxonomic inflation: its influence on macroecology and conservation.* In: *Trends in Ecology and Evolution*, Band 19, Nr. 9, 2004, S. 464–469.

[14] http://dispatch.opac.d-nb.de/DB=1.1/CMD?ACT=SRCHA&IKT=8&TRM=0045-205X

[15] http://www.heise.de/tp/r4/artikel/20/20612/1.html

[16] http://www.dradio.de/dlf/sendungen/forschak/448777/

[17] http://plato.stanford.edu/entries/species/

rue:Вид (біологія)

Halbstrauch

Der **Halbstrauch** ist eine ausdauernde Pflanze, die unten verholzt, deren Zweige der aktuellen Vegetationsperiode hingegen nicht verholzt sind. Er steht in seinen Eigenschaften zwischen krautiger Pflanze und Strauch. Die nicht verholzten Pflanzenteile sterben am Ende der Vegetationsperiode ab. Der Neuaustrieb zu Beginn der Vegetationsperiode erfolgt aus den verholzten Pflanzenteilen. Blüten und Früchte sind meistens an den einjährigen Trieben.

Beispiele:

- Bittersüßer Nachtschatten
- Europäische Bleiwurz

Sprossachse

Die **Sprossachse** bezeichnet in der Botanik eines der drei Grundorgane des Kormophyten. Sie verbindet die der Ernährung dienenden anderen beiden Grundorgane Wurzel und Blatt miteinander in beiden Richtungen. Die Sprossachse trägt das Blätterdach und bewegt dieses möglichst günstig zu dessen Umweltbedingungen (siehe Pflanzenbewegung). Sie ist ein Organ, das sich im Zuge des Landgangs der Embryophyten entwickelt hat. Es dient der Stabilisierung, der Speicherung sowie als Transportorgan für die Wasser-, Nährstoff- und Assimilatleitung.

Aufbau

Hypokotyl und Epikotyl

Zwischen dem Wurzelansatz und den Keimblättern liegt das Hypocotyl. Dieser Abschnitt des Sprosses wird als erstes bei der Keimung gebildet. Zwischen den Keimblättern und dem Ansatz des ersten Folgeblattes liegt das Epikotyl.

Die Internodien der Dachwurz (*Sempervivum tectorum*) beginnen sich erst bei der Blütenbildung zu einem Langtrieb zu strecken.

Nodus und Internodium

Die Sprossachse ist an den Ansatzstellen der Blätter häufig etwas verdickt, deshalb nennt man diese Stelle Nodus (Knoten). Der Abschnitt zwischen zwei Nodi heißt dementsprechend Internodium. Diese Internodien sind bei der Keimpflanze zunächst noch gestaucht, wodurch die an den Nodien sitzenden Blätter dicht aufeinander sitzen. Die Streckung der Sprossachse erfolgt durch ein Streckungswachstum der Internodien (*interkalares Wachstum*).

Kurztrieb/Langtrieb

Viele Pflanzenarten haben zwei unterschiedliche Typen von Trieben.
Eine Sprossachse mit vollständig gestreckten Internodien wird Langtrieb genannt, wohingegen ein Spross, der gestaucht bleibt, Kurztrieb genannt wird. Die beiden Begriffe sind korrelativ, das heißt, diese Aussage kann nur dann getroffen werden, wenn die jeweilige Pflanze beide Typen besitzt.

Das interkalare Bildungsgewebe, das vor allem an den Basen der Internodien liegt, stellt bei einem Langtrieb die Tätigkeit ein.

Bei vielen Laubbäumen (z. B. alle Obstbäume) tragen die Kurztriebe die Blüten und damit die Früchte. Daher werden sie auch *Fruchtholz* genannt. Bei den Lärchen und den Kiefern sitzen die Nadelblätter ebenfalls auf Kurztrieben.

Bei einigen Pflanzen (z. B. Breitwegerich) bleibt das Streckungswachstum der Internodien ganz aus, während es bei anderen (z. B. Dachwurz) erst mit der Blütenbildung beginnt.

Verzweigungen

Bei einigen Sporenpflanzen, wie beispielsweise einigen Moosen und Farnen tritt noch die ursprüngliche dichotome Verzweigung auf, bei der sich die Scheitelzellen eines Sprosses in zwei Gabelsprosse teilen. Bei Samenpflanzen entstehen Verzweigungen der Sprossachse dagegen fast ausschließlich durch das Austreiben der Seitenknospen. Ausnahmen bilden nur wenige, meist stark sukkulente Pflanzen wie beispielsweise in der Gattung *Mammillaria* (Cactaceae). In aller Regel erfolgen die Verzweigungen der Achsen axillär durch embryonales Gewebe in den Blattachsen (Blattachselmeristeme zwischen Blatt und Achse). Die verschiedenen Verzweigungsmuster lassen sich dabei auf zwei Grundtypen, die monopodiale und die sympodiale Verzweigung zurückführen.

Mehrfach dichotom verzweigte *Mammillaria parkinsonii*

Monopodiale Verzweigung

Bei dem Monopodium handelt es sich um eine Verzweigung mit durchgehender Achse. Dabei wird jährlich durch dasselbe, akroton geförderte Spitzenmeristem der vorjährige Triebabschnitt fortgesetzt und Seitenknospen und Seitentriebe unterdrückt (z. B. bei Fichten).

Sympodiale Verzweigung

Ein Sympodium ist ein Verzweigungstyp, bei dem das weitere Wachstum der Sprosse nicht von der Hauptachse sondern von subterminalen Seitenachsen fortgesetzt wird. Die endständige Knospe stirbt dabei ab und die Seitenknospen treiben aus. (z. B. bei Buchen und Linden).

Wenn das weitere Wachstum von zwei etwa gleich kräftigen Seitenachsen übernommen wird, spricht man von einem **Dichasium** (z. B. Flieder). Ein **Monochasium** liegt vor, wenn nur eine einzige Seitenachse das weitere Wachstum übernimmt (z. B. Linde). Diese richtet sich dabei fast immer in derselben Richtung aus wie die übergipfelte Hauptachse, erschöpft sich dann bald selbst und wird wiederum von einer weiteren Seitenachse übergipfelt. Ein solches Monochasium setzt sich also aus verschiedenen sukzessive miteinander verketteten Seitenachsen zusammen und ist auf den ersten Blick meist kaum von einem Spross mit durchlaufender Hauptachse unterscheidbar. Es entsteht dabei eine *Scheinachse*. Ein Monochasium ist an der Anordnung der Blätter zu erkennen. Da Seitenachsen immer aus der Achsel eines Blattes entspringen, stehen bei einem Monochasium die Blätter an der Scheinachse scheinbar den Blütenständen gegenüber (z. B. Weinrebe). Bei durchgehender Hauptachse wären dagegen die Blütenstände in den Achseln der Blätter zu finden.

Treiben vor allem die Knospen der oberen Sprossregion aus, ist dies ein akrotoner Wuchs, was zu einem baumförmigen Wuchs führt. Entstehen die Seitentriebe durch die Knospen der unteren Sprossregion, ist dies ein basitoner Wuchs und es ergibt sich ein buschförmiger Wuchs.

Vegetationskegel

Der Vegetationskegel (auch „Apex“) ist die Spitze des Sprosses, an dem sich das Längenwachstum vollzieht. Der Vegetationskegel ist in verschiedene Entwicklungszonen gegliedert:

Die Initialzellenzone/Bildungszone ist die äußerste Spitze des Kegels, an der neue Zellen entstehen. Diese Zone ist nur etwa 50 Mikrometer lang. Bei den Samenpflanzen ist dieses Gewebe das apikale Meristem, während es bei Schachtelhalmen und Farnen eine dreischneidige Scheitelzelle ist. Bei einigen hoch entwickelten Gymnospermen und bei den Angiospermen ist das Apikalmeristem in zwei Bereiche untergliedert: Tunika und Corpus. Der Corpus ist ein zentraler Gewebekomplex, der von den Zellschichten der Tunika mantelartig umgeben wird.

Hinter der Initialzellenzone/Bildungszone liegt die 50 bis 80 µm lange **Determinationszone**. Hier wird über die Differenzierung jeder Zelle entschieden, jedoch folgt die endgültige Ausdifferenzierung in der folgenden Differenzierungszone/Streckungszone. In der Determinationszone liegt bereits eine Gliederung des Vegetationskegels in einen zentralen Gewebekomplex (Corpus) und eine diesen umhüllende Tunika vor. Zwischen Corpus und Tunika bleibt ein Restmeristem erhalten. In der Streckungszone findet neben Streckungswachstum auch das primäre Dickenwachstum statt.[1]

Auf die Determinationszone folgt die Differenzierungszone, in der sich die Zellen vollkommen ausdifferenzieren. Die Vorstufen der Leitbündel werden hier von dem Restmeristem gebildet, das sich in dieser Zone zu einem Prokambium differenziert. Es bildet ein Protophloem nach außen und ein Protoxylem nach innen. Der Corpus differenziert sich zu parenchymatischem Mark und die Tunika zu Epidermis und Rinde. Die Tunika erzeugt auch die Blattanlagen.

Die Sprossachse trägt die Blätter und Blüten. Sie wächst dem Licht entgegen und kann, wie bei Sträuchern und Bäumen, hart und holzig werden. Im Innern der Sprossachse verlaufen Leitungsbahnen, die Leitbündel. Sie bestehen aus vielen sehr feinen Röhrchen und verbinden die Wurzel mit den oberirdischen Pflanzenteilen. Durch die Leitbündel werden Wasser, Zucker und Mineralstoffe von den Wurzeln in die Blätter und Blüten transportiert. Das Wasser hält die Pflanzen straff.

Gewebe

Nach der Differenzierung der Zellen finden sich folgende Gewebetypen:

Abschlussgewebe

Die Epidermis ist die äußerste Schicht der primären Sprossachse. Sie kann wie beim Blatt Spaltöffnungen und eine Cuticula aufweisen. Die darunter liegende Schicht ist zunächst die primäre Rinde. Im Gegensatz zur Epidermis enthält sie meist Chloroplasten. Sofern ein sekundäres Dickenwachstum einsetzt, wird die primäre Rinde meist rasch durch ein sekundäres Abschlussgewebe, die Borke, ersetzt, weil die Rinde dem Dilatationswachstum nicht folgen kann. Die Borke enthält als Ersatz für die Spaltöffnungen meist charakteristische Lenticellen für den Gasaustausch. Die Borke wird von außerhalb des Kambiums liegenden und immer wieder neu angelegten Korkkambien ersetzt, wenn diese durch das Dickenwachstum zerreißen. Dabei entsteht eine für die einzelnen Arten charakteristische Borkenstruktur.

Festigungsgewebe

Dieses Gewebe besteht meistens aus langgestreckten Zellen mit verdickten Wänden. Man unterscheidet zwischen Sklerenchym und Kollenchym. Sklerenchym besteht aus toten Zellen und tritt meist als Schicht um ein Leitbündel auf. Sklerenchymzellen bilden verdickte Sekundärzellwände aus, diese sind oft durch Lignin verstärkt. Durch die Einlagerungen sterben die Zellen ab. Sie werden in zwei Gruppen eingeteilt:

- Isodiametrische Zellen (Steinzellen, z. B. in der Frucht der Birnen)
- Prosenchymatische Zellen (Sklerenchymfasern)

Kollenchym ist dagegen noch wachstums- und dehnungsfähiges, nicht verholztes Festigungsgewebe aus lebenden Zellen. Die lebenden Zellen des Kollenchyms sind meist reich an Chloroplasten, die Kanten beziehungsweise einzelnen Wände sind durch Cellulose- oder Pektinauflagerungen verstärkt.

Man unterscheidet drei verschiedene Arten von Kollenchym:

- Ecken-/Kantenkollenchym (Zellwandverdickungen in den Zellecken; an der Mittellamelle unverdickt)
- Plattenkollenchym (Verdickungen der tangentialen Zellwände)
- Lückenkollenchym

Grundgewebe

Die Grundgewebe bestehen vor allem aus Parenchym und dem Mark in der Mitte des Sprosses. Das Mark dient vor allem der Speicherung von Stoffen, kann jedoch bei einigen Pflanzen zerrissen sein, so dass eine Markhöhle entsteht.

Leitgewebe

Die zum Transport dienenden Gewebe sind zu Strängen, den Leitbündeln zusammengefasst. Leitbündel sind für den Ferntransport von Wasser, gelösten Stoffen, sowie organischen Substanzen (hauptsächlich Zucker) im Spross, im Blatt und in der Wurzel von höheren Pflanzen (Gefäßpflanzen) verantwortlich. Leitbündel bestehen aus dem Xylem, das heißt dem Holzteil mit Zellelementen für den Wassertransport (zum Beispiel Tracheen und Tracheiden) und dem Phloem, das heißt dem Bastteil, für den Transport der Assimilate mit Siebzellen, Siebröhren und Geleitzellen.

Es gibt verschiedene Leitbündeltypen: einfache Leitbündel bestehen nur aus einem Sieb- oder Holzteil. Zusammengesetzte Leitbündel haben Sieb- und Holzteil. Bei den konzentrischen Leitbündeln liegt der Siebteil um den Holzteil (oder umgekehrt). Der häufigste Typ ist das sogenannte kollaterale Leitbündel, bei dem der Siebteil außen und der Holzteil innen liegt. Bei offenen Leitbündeln (kommt bei dikotylen Pflanzen vor) tritt noch ein Kambium zwischen Xylem und Phloem hinzu. In Wurzeln sind die Leitbündel zu einem radiären Leitbündelsystem zusammengefasst, wo der Holzteil wie die Speichen eines Rades angeordnet ist – der Bastteil liegt zwischen den Speichen.

Dickenwachstum

Das horizontale Wachstum wird bei Pflanzen *Dickenwachstum* genannt. Es kann ein primäres und ein sekundäres Dickenwachstum unterschieden werden. Das primäre Dickenwachstum geht alleine auf das Wachstum der bereits im jungen Spross vom apikalen Meristem (Bildungsgewebe) gebildeten Zellen zurück, während beim sekundären Dickenwachstum vom Kambium, welches zwischen Phloem und Xylem liegt, nach beiden Seiten zusätzliche Zellen abgegliedert werden, die in die Breite wachsen. Auch das im Phloem entstehende Korkkambium trägt zum sekundären Dickenwachstum bei; besonders auffällig ist dies z. B. bei der Korkeiche.

Drachenbäume sind eine Ausnahme für sekundäres Dickenwachstum bei Monocotylen.

Einkeimblättrige Pflanzen (Monokotyledonen) besitzen mit wenigen Ausnahmen (*Drachenbäume*, *Yucca* und *Keulenlilien*) kein sekundäres, sondern nur ein primäres Dickenwachstum. Deshalb zeigen Palmen nach oben keine Verjüngung.

Metamorphosen der Sprossachse

Wie Blatt und Wurzel ist auch die Sprossachse vielfach durch Metamorphosen abgewandelt, um entweder ihre ursprüngliche Funktion an bestimmte Umweltbedingungen angepasst zu erfüllen oder überhaupt andere Funktionen zu übernehmen.

Stolonen

Stolonen (Ausläufer, Kriechsprosse) dienen zur vegetativen Vermehrung. Sie sind oberirdisch oder unterirdisch kriechende, verlängerte Seitensprosse, die von der Stängelbasis, von der Blattrosette oder vom Wurzelhals ausgehen. Aus an Knoten gebildeten Achselknospen entstehen junge Pflänzchen, die zunächst noch von der Mutterpflanze versorgt werden, bis sie eigene Wurzeln und Blätter entwickelt haben. Anschließend sterben die Stolonen ab. Beispiele für Stolonen bildende Pflanzen sind Erdbeeren (*Fragaria*), Lilien wie *Lilium lankongense* und Hauswurzen wie *Sempervivum tectorum*. Es gibt fließende Übergänge zwischen Stolonen und Rhizome, wobei Stolonen mehr oberirdisch und Rhizome mehr unterirdisch vorkommen.

Wurzelnder Stolon der Zier-Erdbeere

Rhizome

Rhizome dienen zur vegetativen Vermehrung und zur Speicherung von Reservestoffen (z.B. Stärke und Inulin). Sie haben eine wurzelähnliche Gestalt, sind von echten Wurzeln aber durch die Anwesenheit von Nodien und (schuppig oder fadenartig) reduzierten Blättern unterscheidbar. Sterben bei krautigen Pflanzen die oberirdischen Sprossteile am Ende einer Vegetationsperiode ab, können sie sich zu Beginn der neuen Vegetationsperiode aus den Rhizomen regenerieren. Krautige Pflanzen mit Rhizome sind also häufig Geophyten. Beispiele für Rhizome bildende Pflanzen sind Buschwindröschen (*Anemone nemorosa*), Maiglöckchen (*Convallaria majalis*), Ingwer (*Zingiber officinale*) und Gräser wie die Strandhafer (*Ammophila*).

Rhizom des Ingwer (*Zingiber officinale*)

Sprossknollen

Austreibende Kartoffelknolle

Sprossknollen dienen ebenfalls zur Speicherung von Reservestoffen und teils auch zur vegetativen Vermehrung. Sie können oberirdisch oder halb bis vollständig unterirdisch angelegt sein. Beispiele für Sprossknollen bildende Pflanzen sind

- oberirdisch: Kohlrabi (*Brassica oleracea* var. *gongylodes*)
- halb unterirdisch: Knollensellerie (*Apium graveolens* var. *rapaceum*)
- unterirdisch: Kartoffel (*Solanum tuberosum*). Zu Beginn der neuen Vegetationsperiode regeneriert sich die Kartoffelpflanze aus den als „Augen" bezeichneten Seitenachsen der Knolle.

Sprossrüben

Sprossrübe des Garten-Rettichs (*Raphanus sativus*)

Sprossrüben dienen ebenfalls zur Speicherung von Reservestoffen. Einige Rüben werden zwar ausschließlich aus der Wurzel, andere jedoch auch anteilig aus dem Hypokotyl als Teil der Sprossachse gebildet. Beispiele für Sprossrüben bildende Pflanzen sind Rettiche (*Raphanus*) und Rote Rübe (*Beta vulgaris* ssp. *vulgaris* var. *conditiva*).

Wasserspeicher (Sukkulenz)

Stammsukkulente Kakteen

Stammsukkulenten Pflanzen dient der Spross als Wasserspeicher zur Überbrückung einer trockenen Vegetationsruhe. Durch die Anlage wasserspeichernden Gewebes bekommen die Pflanzen ein fleischiges Aussehen. Viele stammsukkulente Pflanzen nähern sich der Kugelgestalt, da dies ein größtmögliches Volumen bei kleinstmöglicher Oberfläche und somit den geringstmöglichen Wasserverlust durch Verdunstung bedeutet. Häufig sind die Blätter stark reduziert, zu Dornen umgestaltet oder fehlen ganz, so dass die Photosynthese in den Rindenzelle der Sprossachse stattfindet. Dies geschieht häufig nach dem CAM-Mechanismus. Beispiele für Pflanzen mit Stammsukkulenz sind Kakteen (Cactaceae), Didiereaceae, Fouquieriaceae und viele Wolfsmilch-Arten (*Euphorbia*).

Blattersatz, Flachsprosse

Phyllokladien des Stechenden Mäusedorns (*Ruscus aculeatus*)

Die in den Rindenzellen der Sprossachse stattfindende Photosynthese dient Pflanzen mit stark reduzierten oder fehlenden Blättern als Blattersatz. Dieses ist häufig bei sukkulenten Pflanzen der Fall, jedoch nicht zwangsläufig mit Sukkulenz verbunden. Neben grünen zylindrischen oder mehr oder weniger kantigen Sprossen werden auch grüne Flachsprosse ausgebildet. Platykladien, flächig verbreiterte Langtriebe (Hauptsprosse), ähneln normalen Sprossen und sind lediglich abgeflacht. Phyllokladien, flächig verbreiterte Kurztriebe (Nebensprosse), sehen gefiederten Blättern jedoch oft täuschend ähnlich. Beispiele für Platykladien bildende Pflanzen sind *Homalocladium platycladium* und viele Kakteen der Gattungen *Disocactus*, *Schlumbergera* und *Opuntia*. Beispiele für Phyllokladien bildende Pflanzen sind Spargel (*Asparagus*), *Phyllocladus* und Mäusedorn (*Ruscus*).

Sprossranken

Sprossranken der *Passiflora suberosa*

Sprossranken dienen einigen Kletterpflanzen zur Verankerung an Untergründen wie Felsen und Begleitvegetation. Die berührungsempfindlichen Ranken vollführen Suchbewegungen und winden sich dann ganz oder teilweise um den gefundenen Gegenstand (Pflanzenbewegung). Beispiele für Sprossranken bildende Pflanzen sind Passionsblumen (*Passiflora*) und Weinreben (*Vitis*).

Klimmsprosse

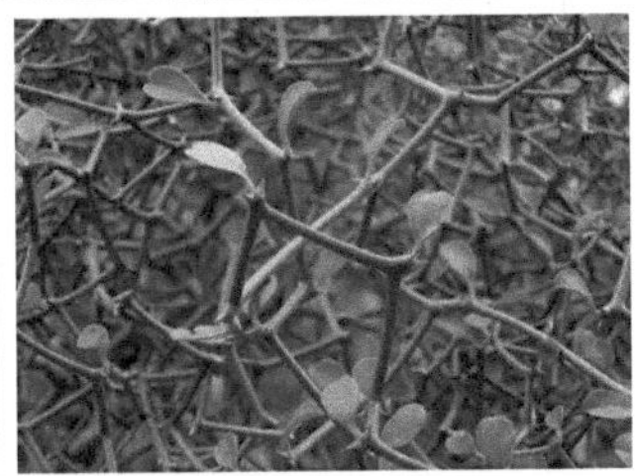

Dornige, zick-zackförmige Klimmsprosse der *Decaria madagascariensis*

Die Klimmsprosse der Spreizklimmer dienen ebenfalls zur Verankerung am Untergrund. Häufig sind die Sprosse an den Nodien so abgewinkelt, dass ein deutlich Zick-zack-förmiger Wuchs entsteht, der ein Verhaken auf Felsen und Begleitvegetation ermöglicht. Häufig sind auch Dornen oder Stacheln ausgebildet, mit denen sich die Sprosse verhaken und fixieren können. Beispiele für Klimmsprosse bildende Pflanzen sind Brombeeren (*Rubus fruticosus* agg.), Rosen (*Rosa*), Winter-Jasmin (*Jasminum nudiflorum*) und Gewürzvanille (*Vanilla planifolia*).

Sprossdornen

Sprossdornen dienen zur Abwehr von Pflanzenfressern sowie bei spreizklimmenden Kletterpflanzen zur Verbesserung der Kletterstrategie durch Festhaken. Die Dornen werden aus den spitz zulaufenden, verholzten Enden der Seitensprossen gebildet. Beispiele für Sprossdornen bildende Pflanzen sind Schlehe (*Prunus spinosa*), Weißdorn (*Crataegus*) und *Bougainvillea*.

Sprossdornen des Eingriffeligen Weißdorns (*Crataegus monogyna*)

Sprossbürtige Haustorien

Haustorien dienen parasitischen Pflanzen zum Entzug von Nährstoffen und Wasser aus ihren Wirten. Bei den meisten Parasiten stellen die Haustorien umgewandelte Wurzeln, bei einigen jedoch umgewandelte Sprosse dar. Beispiele für Pflanzen, die sprossbürtige Haustorien bilden, sind die Arten der Seide (*Cuscuta*).

Cuscuta pentagona mit sprossbürtigen Haustorien

Beisprosse

Die Seitensprosse, die sich ein gemeinsames Tragblatt teilen, werden *Beisprosse* oder *akzessorische Sprosse* genannt. Sie entstehen durch Fraktionierung des Achselmeristems und können je nach Anordnung in seriale Beisprosse (übereinander angeordnet) und kollaterale Beisprosse (nebeneinander angeordnet) untergliedert werden.

Literatur

- U. Lüttge, G. Kluge, G. Bauer: *Botanik. Ein grundlegendes Lehrbuch.* 1. Aufl., 1. korrigierter Nachdr. VCH, Weinheim 1989, ISBN 3-527-26119-2.
- N. Campbell u. a.: *Biologie.* 1. Aufl., 1. korrigierter Nachdr., Spektrum, Heidelberg 1997, ISBN 3-8274-0032-5.
- P. Sitte, E. W. Weiler, J. W. Kadereit, A. Bresinsky, ; C. Körner: *Strasburger. Lehrbuch der Botanik für Hochschulen.* 34. Aufl. Spektrum, Heidelberg 1999, ISBN 3-8274-0779-6.
- U. Kull: *Grundriss der Allgemeinen Botanik.* 2. Auflage, Nachdruck. (2. Januar 2006). ISBN 978-3-510-65218-1.

Einzelnachweise

[1] U. Lüttge, M. Kluge, G. Bauer: *Botanik.* 4. Auflage. Wiley, 2002, S. 386

Blatt_(Pflanze)

Das **Blatt** ist neben der Sprossachse und der Wurzel eines der drei Grundorgane der höheren Pflanzen und wird als Organtyp Phyllom genannt. Blätter sind seitliche Auswüchse an den Knoten (Nodi) der Sprossachse. Die ursprünglichen Funktionen der Blätter sind Photosynthese (Aufbau von organischen Stoffen mit Hilfe von Licht) und Transpiration (Wasserverdunstung, ist wichtig für Nährstoffaufnahme und -transport).

Blätter treten nur bei Sprosspflanzen auf, das heißt bei farnartigen Pflanzen (Pteridophyta) und Samenpflanzen (Spermatophyta). Dagegen fehlen sie bei Moosen und Algen, an deren Thallus allerdings blattähnliche Gebilde auftreten können, die jedoch nur als Analogien der Blätter zu betrachten sind.

Der Reichtum an Blattformen ist enorm. In einigen Fällen entstanden im Laufe der Evolution auch Blattorgane, die mit der ursprünglichen Funktion des Blattes, nämlich der Photosynthese und Transpiration, nichts mehr zu tun haben: zum Beispiel Blütenblätter, Blattdornen und Blattranken, sowie Knospenschuppen (siehe Metamorphosen des Blattes).

Nadelblätter einer Douglasie (*Pseudotsuga menziesii*)

Laubblatt einer Linde (*Tilia* spec.)

Der hier beschriebene anatomische Aufbau gilt für ein bifaziales Laubblatt, den häufigsten Laubblatt-Typ. Für alle Blätter charakteristisch sind die Elemente Epidermis, Mesophyll und Leitbündel.

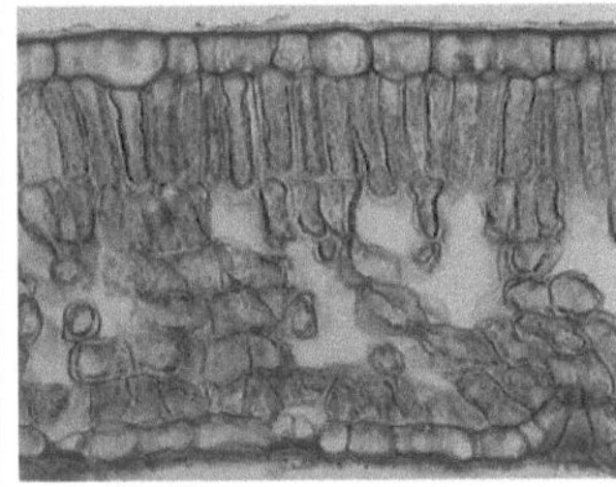

Querschnitt eines Laubblattes im Mikroskop

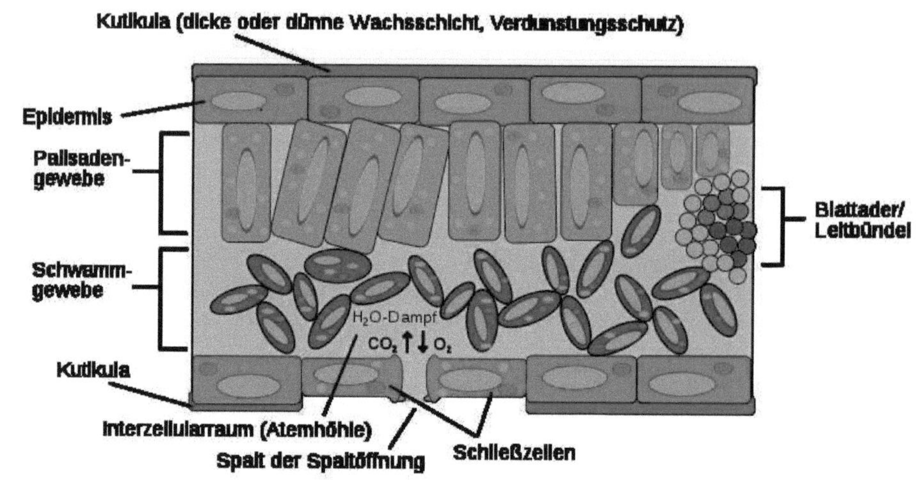

Epidermis

Das Blatt schließt nach außen mit einem Abschlussgewebe, der Epidermis, ab, die aus nur einer Zellschicht besteht. Die Epidermis besitzt nach außen eine wasserundurchlässige Wachsschicht Cuticula, die eine unregulierte Verdunstung verhindert. Die Zellen der Epidermis besitzen in der Regel keine Chloroplasten (die Zellbestandteile, in denen die Photosynthese stattfindet). Ausnahmen davon sind die Epidermis von Hygro-, Helo- und Hydrophyten und teilweise Schattenblätter, besonders aber die Schließzellen der Spaltöffnungen (Stomata), die immer Chloroplasten enthalten. Die Stomata dienen der Regulation des Gasaustausches, primär der Wasserdampfabgabe. Nach der Verteilung der Stomata unterscheidet man hypostomatische (Stomata auf der Blattunterseite, häufigste Form), amphistomatische (Stomata auf beiden Blattseiten) und epistomatische Blätter (Stomata auf der Blattoberseite, z. B. bei Schwimmblättern).

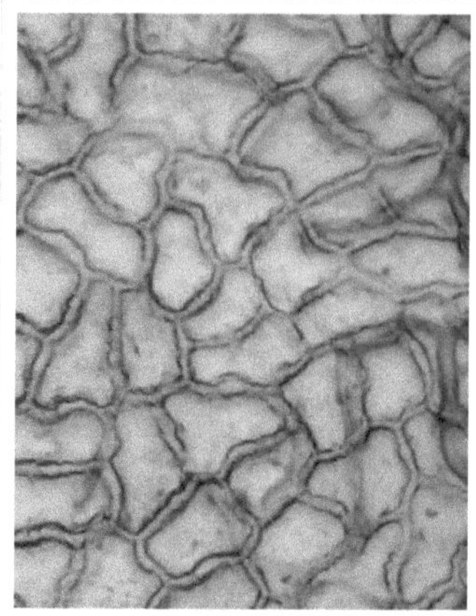

Epidermiszellen, Längsschnitt

Die von der Epidermis gebildeten Anhänge werden Haare (Trichome) genannt. Sind an der Bildung auch subepidermale Zellschichten beteiligt, spricht man von Emergenzen: Beispiele sind Stacheln oder Drüsenzotten.

Mesophyll (Blattparenchym)

Als Mesophyll bezeichnet man das Assimilationsgewebe. Es ist meist in das unter der oberen Epidermis gelegene Palisadenparenchym und das darunter gelegene Schwammparenchym gegliedert. Das Palisadenparenchym besteht aus ein bis drei Lagen langgestreckter, senkrecht zur Blattoberfläche stehender, chloroplastenreicher Zellen. Im Palisadenparenchym, dessen Hauptaufgabe die Photosynthese ist, befinden sich rund 80 Prozent aller Chloroplasten. Das Schwammparenchym besteht aus unregelmäßig geformten Zellen, die aufgrund ihrer Form große Interzellularräume bilden. Die Hauptaufgabe des Schwammparenchyms ist es, die Durchlüftung des parenchymatischen Gewebes zu gewährleisten. Die Zellen sind relativ arm an Chloroplasten.

Leitbündel

Die Leitbündel befinden sich oft an der Grenze zwischen Palisaden- und Schwammparenchym im oberen Schwammparenchym. Der Aufbau gleicht dem der Leitbündel in der Sprossachse und ist meist kollateral. Die Leitbündel zweigen von der Sprossachse ab und gehen durch den Blattstiel ohne Drehung in die Spreite über. Dadurch weist das Xylem zur Blattoberseite, das Phloem zur Blattunterseite.

Große Leitbündel sind oft von einer Endodermis umgeben, die hier Bündelscheide genannt wird. Die Bündelscheide kontrolliert den Stoffaustausch zwischen Leitbündel und Mesophyll. Die Leitbündel enden blind im Mesophyll. Dabei wird das Leitbündel immer stärker reduziert, das heißt zunächst werden die Siebröhren weniger und fallen aus, dann verbleiben im Xylem-Teil nur Schraubentracheiden, die schließlich blind enden. Das gesamte Blatt ist in der Regel so dicht mit Leitbündeln durchzogen, dass keine Blattzelle weiter als sieben Zellen von einem Leitbündel entfernt ist. Die sich daraus ergebenden kleinen Felder zwischen den Leitbündeln heißen Areolen oder Interkostalfelder.

Die Funktion der Leitbündel ist der Antransport von Wasser und Mineralien ins Blatt (über das Xylem) sowie der Abtransport von Photosyntheseprodukten aus dem Blatt (über das Phloem).

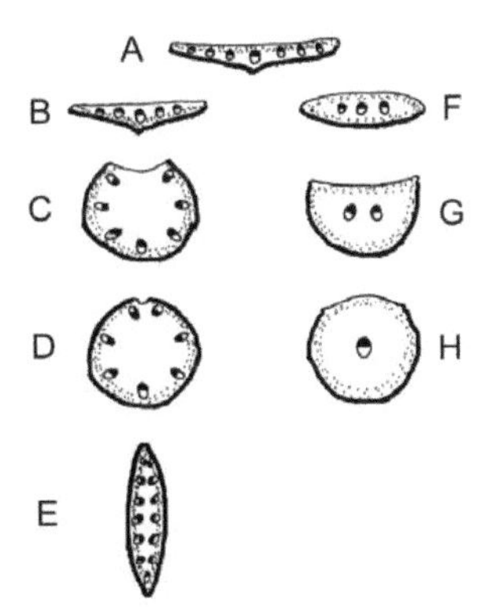

Blatt-Typen im Querschnitt: Punktiert = Palisadenparenchym; Holzteile der Leitbündel sind schwarz; Blattunterseite dicke Linie; A = Normales bifaziales Blatt; B = invers bifaziales Blatt (Bärlauch); C,D Ableitung des unifazialen Rundblattes (*Allium sativum, Juncus effusus*); E = unifaziales Schwertblatt (Schwertlilien); F = äquifaziales Flachblatt; G = äquifaziales Nadelblatt; H = Äquifaziales Rundblatt (*Sedum*).

Festigungsgewebe

In der Nähe der Leitbündel oder auch an den Blatträndern befinden sich oft Sklerenchymstränge, die der Festigung des Blattgewebes dienen. Demselben Zweck dienen bei manchen Arten subepidermale Kollenchymschichten.

Einteilung nach anatomischen Gesichtspunkten

Nach der Lage des Palisadenparenchyms im Blatt werden verschiedene Blatt-Typen unterschieden.

- Die meisten Blätter sind bifazial gebaut, d. h. es wird eine Ober- und Unterseite ausgebildet.
    - Bei normal bifazialen (= dorsiventralen) Blättern (A) liegt das Palisadenparenchym oben (= dorsal), das Schwammgewebe unten (= ventral).
    - Bei invers bifazialen Blättern (B) liegt das Palisadenparenchym unten (z. B. beim Bärlauch).
    - Bei äquifazialen Blättern (F, G) sind Ober- und Unterseite gleich mit Palisadenparenchym versehen, dazwischen liegt das Schwammparenchym. Ein typisches Beispiel ist das Nadelblatt der Kieferngewächse (G).

- Bei unifazialen Blättern (C, D) geht die Ober- und Unterseite nur aus der Unterseite des Blattprimordiums hervor. Sie leiten sich formal von invers bifazialen Blättern ab, bei denen die Blattoberseite reduziert wird. Bei unifazialen Blättern liegen die Leitbündel im Blattquerschnitt in einem Kreis oder Bogen angeordnet, das Phloem zeigt nach außen. Blattstiele sind oft unifazial, aber auch die Blätter vieler Einkeimblättriger, wie etwa Binsen, deren Blätter oft sprossachsenähnlich sind. Ein Spezialfall sind die Blätter der Schwertlilien (E), deren unifaziales Blatt sekundär wieder flach wurde, aber durch Abflachung in der Achsenrichtung, sodass *reitende* Blätter, auch Schwertblätter genannt, entstanden.

Morphologische Gliederung

Ein Blatt ist unterteilt in das Unterblatt (Hypophyll), bestehend aus dem Blattgrund und den Nebenblättern (Stipulae), und in das Oberblatt (Epiphyll), das sich wieder in Blattspreite (Lamina) und Blattstiel (Petiolus) gliedert. Nicht bei allen Blättern sind alle Teile ausgebildet, alle Teile unterliegen einer mannigfachen Variation.

Zur Beschreibung der Blattform in der botanischen Literatur siehe den

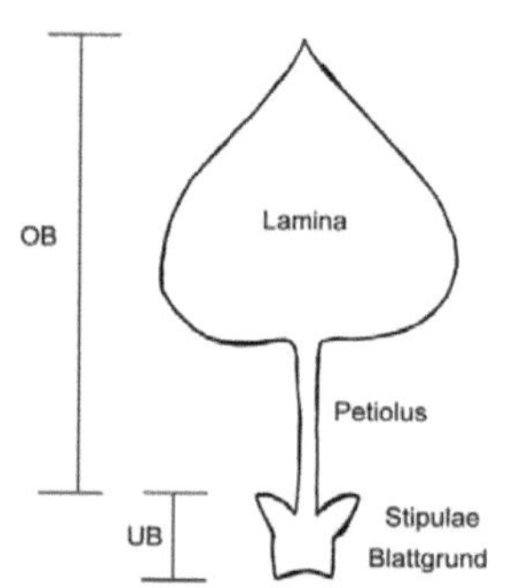

Gliederung des Blattes. OB = Oberblatt, UB = Unterblatt, Lamina = Spreite, Petiolus = Stiel, Stipulae = Nebenblätter

Unterblatt

Blattgrund

Der Blattgrund oder die Blattbasis ist der unterste Teil, mit dem das Blatt der Sprossachse ansitzt. Als Blattachsel bezeichnet man den Winkel zwischen Sprossachse und davon abzweigendem Blatt. Er ist meist nur wenig verdickt, nimmt aber manchmal den ganzen Umfang der Sprossachse ein. Im letzteren Fall spricht man von einem *stängelumfassenden Blatt.* Bei gegenständiger Blattstellung sind bisweilen die Basen der beiden Blätter vereinigt (wie beispielsweise bei der Heckenkirsche). Bisweilen zieht der Blattgrund beiderseits als ein flügelartiger Streifen weit am Stängel herab; solche Stängel nennt man *geflügelt.*

Bei einigen Pflanzenfamilien, etwa bei Süß- und Sauergräsern und Doldengewächsen, bildet der Blattgrund eine so genannte Blattscheide aus. Es handelt sich dabei um einen mehr oder weniger breiten, meist über der Basis des Blattes zu findenden, scheidenartig die Sprossachse umschließenden Teil. Meistens ist dabei die Scheide gespalten, d. h. die Ränder sind frei, nur übereinander gelegt. Dagegen haben die Blätter der Sauergräser geschlossene Scheiden oder solche, an denen keine freien Ränder vorhanden sind. Bei vielen Blättern aber ist der Scheidenteil nur angedeutet oder fehlt ganz.

Nebenblätter

Die Nebenblätter (Stipulae oder Stipeln) sind seitliche, zipfel- oder blattartige Auswüchse des Blattgrundes. Sie sind meist klein, bei vielen Pflanzenarten fehlen sie oder werden bereits beim Blattaustrieb abgeworfen. Je nach Bau des Blattstieles treten zwei Arten auf. Bei bifazialem Blattstiel treten Lateralstipeln auf, die stets paarig seitlich am Blattgrund sitzen. Diese Form ist charakteristisch für Zweikeimblättrige. Bei unifazialem Blattstiel treten

Bei der Echten Nelkenwurz sind die Nebenblätter laubblattförmig.

Median-(Axillar-)Stipeln auf, die nur in Einzahl auftreten und in der Mediane in der Achsel des Blattes liegen. Sie sind häufig kapuzenförmig und treten vor allem bei Einkeimblättrigen auf.

Bei einigen Familien sind die Nebenblätter stark entwickelt, so bei den Schmetterlingsblütlern (wie der Erbse), den Rosengewächsen und den Veilchengewächsen. Sie können entweder frei (z. B. Wicken) oder scheinbar dem Blattstiel angewachsen sein (Rosen).

Bei etlichen Bäumen, wie Linden, Hainbuchen oder Pappeln sind die Nebenblätter als häutige, nicht grüne Schuppen ausgebildet, die schon während der Entfaltung der Blätter abfallen. Bei den Knöterichgewächsen sind die Nebenblätter zu einer Nebenblattscheide (Ochrea) umgebildet, einer häutigen Scheide, die den Stängel röhrenförmig einschließt. Das Blatthäutchen (Ligula) der Süß- und Sauergräser, das am Übergang von der Blattscheide in die Blattspreite sitzt, ist ebenfalls ein Nebenblatt.

Oberblatt

Blattstiel

Der Blattstiel (Petiolus) ist der auf den Blattgrund folgende, durch seine schmale, stielförmige Gestalt vom folgenden Teil des Blattes mehr oder minder scharf abgegrenzte Teil des Blattes. Nach dem anatomischen Aufbau unterscheidet man bifaziale und unifaziale Blattstiele. Bei den meisten Einkeimblättrigen und bei vielen Koniferen fehlt der Blattstiel. Blätter ohne Stiel nennt man sitzend. Es gibt auch Blätter, die nur aus dem Stiel bestehen, der dann flach und breit ist und an welchem die eigentliche Blattfläche ganz fehlt. Es handelt sich dabei um ein so genanntes Blattstielblatt (Phyllodium), z. B. bei manchen Akazien. Der Blattstiel ist meist nur bei Laubblättern ausgebildet.

Blattspreite, „Blattnervatur"

Die Blattspreite (Lamina) bildet in den meisten Fällen den Hauptteil des Blattes, den man oft als das eigentliche Blatt bezeichnet. Die Blattspreite ist im Normalfall die Trägerin der Blattfunktionen Photosynthese und Transpiration.

An den meisten Blattspreiten fällt die sogenannte Nervatur auf, der Verlauf der Leitbündel. Große Leitbündel werden auch Rippen genannt, viele Blätter besitzen eine Mittelrippe (1) als scheinbare Verlängerung des Blattstieles, von der die Seitenrippen (2) abzweigen. Die Leitbündel werden volkstümlich meist als Nerven oder Adern bezeichnet, beides missverständliche Begriffe, da die Leitbündel weder eine Erregungsleitungs- noch eine Kreislauffunktion besitzen.

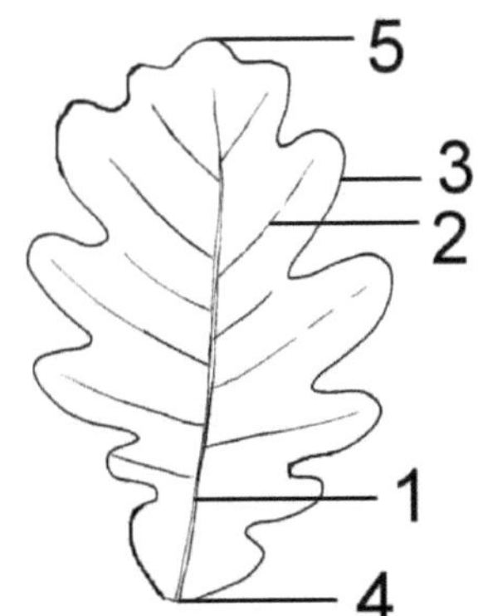

Teile der Spreite: 1 Mittelrippe, 2 Seitenrippe, 3 Blattrand, 4 Spreitengrund, 5 Spreitenspitze

Es werden drei Formen von Nervatur unterschieden, die auch eine systematische Bedeutung haben. Bei den Einkeimblättrigen tritt hauptsächlich Parallelnervatur auf. Hier verlaufen die Hauptadern längs und parallel zueinander. Daraus ergibt sich der meist glatte Blattrand der Einkeimblättrigen. Besonders deutlich wird dies bei den Gräsern. Die Hauptadern und auch die vielen kleineren Parallel-Leitbündel sind jedoch durch kleine, meist mit freiem Auge sichtbare Leitbündel miteinander verbunden (transversale Anastomosen). Die parallele Anordnung der Leitbündel führt auch zu einer parallelen Anordnung der Spaltöffnungen.

Die meisten Zweikeimblättrigen besitzen eine kompliziertere Netznervatur. Daraus ergibt sich auch die fast beliebige Form der Spreite.

Bei Farnen und beim Ginkgo tritt die Gabel- oder Fächernervatur auf. Hier sind die Leitbündel dichotom (gabelförmig) verzweigt und enden blind am vorderen Blattende.

Besonders bei den Zweikeimblättrigen treten die Laubblätter in einer großen Formenvielfalt auf. Die Form und Beschaffenheit der Blätter sind daher wichtige Bestimmungsmerkmale zum Erkennen der Pflanzenarten. Die Beschaffenheit kann z. B. häutig, ledrig oder sukkulent (=fleischig) sein. Für die Oberfläche sind häufig auch Haare (Trichome) von Bedeutung. Bei der Gestalt sind wichtig:

- Die Gliederung der Blattspreite: Wenn die Spreite eine einzige zusammenhängende Gewebefläche darstellt, spricht man von einem „einfachen" Blatt. Im Unterschied dazu gibt es auch so genannte „zusammengesetzte" Blätter. Bei ihnen ist die Aufteilung der Blattfläche so weit fortgeschritten, dass die einzelnen Abschnitte als vollständig voneinander geschiedene Teile erscheinen. Diese werden – unabhängig von ihrer Größe – als Blättchen bezeichnet. Sie ahmen die Gestalt einfacher Blätter nach und sind häufig sogar mit einem Blattstielchen versehen.
- Die Anordnung der Abschnitte: Nach ihrer gegenseitigen Anordnung lassen sich grob drei Typen unterscheiden:
  - gefiederte Blätter,
  - handförmige Blätter und
  - fußförmige Blätter.

Bei den ersteren heißt die Mittelrippe, d. h. der gemeinschaftliche Stiel, an welchem die einzelnen *Fiederblättchen* meist in Paaren sitzen, Blattspindel (Rhachis). Schließt letztere mit einem Endblättchen (Endfieder) ab, hat man ein unpaarig gefiedertes Blatt vor sich. Das endständige Fiederblättchen kann auch rankenförmig umgebildet sein wie z. B. bei den Erbsen. Dagegen spricht man von einem paarig gefiederten Blatt, wenn ein solches Endblättchen fehlt. Die handförmigen Blätter unterscheidet man nach der Anzahl der Teilblättchen als dreizählig, fünfzählig etc. Es gibt auch Blätter, die mehrfach zusammengesetzt sind; dies ist besonders häufig bei gefiederten Blättern der Fall. Die Abschnitte werden hier *Fiedern* genannt. Man spricht hier von „doppelt gefiederten" Blättern.

Einfaches, ungeteiltes Blatt der Zitterpappel

Gefiedertes Blatt der Rose

Handförmiges Blatt der Rosskastanie

Fußförmiges Blatt der Schneerose

- Der Blattrand (3): Die sehr mannigfaltigen Formen des Blattrandes werden in der Botanik durch zahlreiche Begriffe bezeichnet, von denen nachfolgend einige aufgelistet sind: ganzrandig, gezähnt, gesägt, gebuchtet, gekerbt usw.
- Die Gestalt der Spreite oder Blättchen: Hier wird angegeben, ob das Blatt z. B. rundlich, elliptisch, linealisch, nierenförmig usw. ist.
- Der Spreitengrund (4), auch Spreitenbasis genannt, beschreibt, wie die Blattspreite in den Blattstiel übergeht: z. B. herzförmig, pfeilförmig.
- Der Spreiten-Apex (5, die Spitze) kann ausgerandet, abgerundet, spitz, stumpf usw. sein.
- Von Bedeutung ist auch der Spreitenquerschnitt (umgerollt, gefaltet, gerillt).
- Auch die dreidimensionale Form kann vom typischen Blatt abweichen (kugelig, röhrenförmig usw.)

Eine detaillierte Beschreibung der Blattformen wird im Artikel Blattform aufgezeigt.

Evolution

Man unterscheidet generell zwei Typen von Blättern, die gemäß der Telomtheorie unabhängig voneinander entstanden sind:

Fossiles Blatt einer Ginkgo-Art aus dem Jura. Fundort: Scarborough, Yorkshire, England.

1. Mikrophylle sind kleine, oft nadelförmige Blätter mit nur einem Leitbündel. Das Mesophyll ist meist wenig differenziert. Ihre Entstehung in der Evolution deutet man als Reduktion der Telome. Die ältesten Gefäßpflanzen, die ab dem Obersilur bekannten Urfarngewächse wie *Cooksonia* und *Rhynia* hatten noch keine Blätter. Die ersten Mikrophylle sind von den Protolepidodendrales aus dem Unterdevon bekannt. Heute kommen die Mikrophylle bei den Bärlapppflanzen, den Schachtelhalmen und den Gabelblattgewächsen vor. Mikrophylle sind in der Regel klein, bei den Schuppenbäumen (*Lepidodendron*) erreichten sie jedoch eine Länge von rund einem Meter.
2. Die Entstehung der Makro- oder Megaphylle wird durch die Einebnung (Planation) und anschließende Verwachsung der ursprünglich dreidimensional angeordneten Telome erklärt. Megaphylle treten erstmals bei den Farnen (Polypodiophyta) auf und werden hier meist Wedel genannt. Der Grundtyp des Megaphylls ist das gefiederte Laubblatt. Die übrigen Blattformen lassen sich – weitgehend auch fossil belegt – davon ableiten. Bei den fossilen Primofilices (Mitteldevon bis Unterperm) waren die Fiederabschnitte noch räumlich angeordnet (Raumwedel), wie auch heute noch bei den Natternzungengewächsen (Ophioglossaceae).[1]

Wachstum und Lebensdauer

Blätter entstehen aus wenigen Zellen aus den äußeren Zellschichten (Tunica) des Sprossmeristems, also exogen. Unterhalb des Apikalmeristems bilden sich in der Tunica seitliche Auswüchse. Aus einer zunächst schwachen Erhebung entsteht ein kleiner, meist stumpf konischer Zellgewebshöcker, das Blattprimordium oder die Blattanlage genannt.

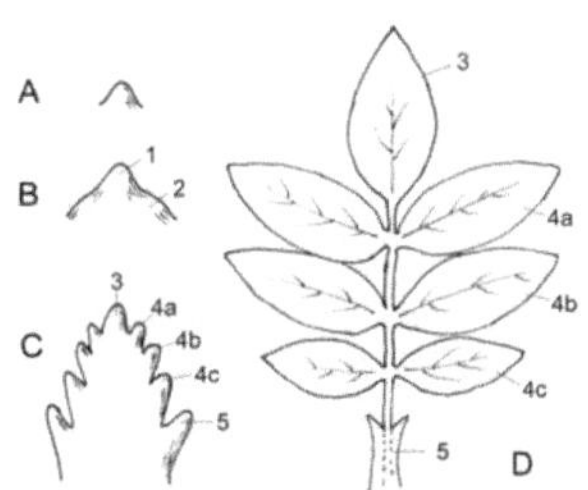

Entwicklung eines Fiederblattes. A Blatthöcker am Sprossscheitel, B Gliederung in Oberblatt (1) und Unterblatt (2), C Anlage der Fiederblätter, D fertiges Fiederblatt. 3 Endfieder, 4a,b,c Seitenfiedern, 5 Nebenblatt

Durch ein Signal des Sprossmeristems erfolgt die dorso-ventrale Organisation des Blattes. Unterbleibt dieses Signal – etwa indem das Blattprimordium vom Sprossmeristem getrennt wird – bildet sich eine radiärsymmetrische Struktur mit ventralen Differenzierungen. Die dorsale Entwicklung wird durch eine Gengruppe gefördert, zu der die Gene PHABULOSA (PHB), PHAVOLUTA (PHV) und REVOLUTA (REV) gehören, die für Transkriptionsfaktoren kodieren. Diese Gene werden schon in der Peripheren Zone des Sprossmeristems gebildet, also noch vor der Bildung des Blattprimordiums. Sobald das Primordium erkennbar ist, ist die Expression der Gene auf die dorsale Seite beschränkt. Auf der ventralen Seite des Blattprimordiums werden Gene der YABBY (YAB) Genfamilie (Transkriptionsfaktoren mit Zinkfinger-Domäne) und Gene der KANADI (KAN) Genfamilie (GARP Transkriptionsfaktoren) exprimiert. Auch diese Gene werden zunächst gleichmäßig im ganzen Blattprimordium exprimiert. Blattanlagen exprimieren also zunächst dorsalisierende (PHB) wie auch ventralisierende (YAB, KAN) Gene. Ein Signal vom Meristem aktiviert PHB Transkriptionsfaktoren, abhängig von der Lage reprimieren diese die YAB und KAN Gene und erhalten die eigene Expression aufrecht. Auf diese Weise entsteht die dorso-ventrale Gliederung. Auch die proximo-distale Blattentwicklung scheint dadurch gefördert zu werden.[2]

Aus der Blattanlage entwickelt sich der Blatthöcker, dieser differenziert sich durch eine Einschnürung in einen breiten, proximalen Abschnitt, das Unterblatt, und einen schmalen, distalen Abschnitt, das Oberblatt.

Das Wachstum erfolgt nur kurze Zeit mit der Spitze (akroplast). Die Spitze stellt sehr früh ihr Wachstum ein, das Wachstum erfolgt durch basale oder interkalare Meristeme (basiplastes bzw. interkalares Wachstum). Die Blattspreite (Lamina) entsteht meist durch basiplastes Wachstum, der Blattstiel (Petiolus) und die Spreiten der Gräser durch interkalares Wachstum. Eine Ausnahme bilden die Farne, deren Wachstum akroplast mittels einer Scheitelzelle bzw. einer Scheitelkante (aus mehreren Zellen) erfolgt.

Ein Kirschblatt in Herbstfärbung. Deutlich zu erkennen die Mittelrippe und die Seitenrippen, sowie die kleineren, netzartig verbundenen Leitbündel.

Im weiteren Wachstumsverlauf passieren Zellteilungs- und Zellstreckungsvorgänge nicht im gesamten Blattkörper gleichmäßig, sondern nur innerhalb meristematisch (bzw. teilungs-) aktiver Zonen. Ob, zu welchem Zeitpunkt, und wie intensiv diese Zonen aktiv sind, ist genetisch festgelegt und führt zu einer charakteristischen Blattform.

Blätter haben in der Regel nur eine begrenzte Lebensdauer, nur bei wenigen mehrjährigen Arten bleiben die Blätter während der ganzen Lebensdauer der Pflanze erhalten (z. B. bei der Welwitschie). Nach der Lebensdauer unterscheidet man zwischen immergrünen Blättern (leben mindestens zwei Vegetationsperioden), wintergrünen (überwintern grün), sommergrünen (nur eine Vegetationsperiode lang) und hinfälligen Blättern (fallen sehr bald ab, z. B. Kelchblätter des Mohns).

Der Blattfall erfolgt durch Bildung einer eigenen Trennungszone (Abszissionszone) am Übergang von der Sprossachse zum Blatt (siehe Abszission).

Farbe und Farbänderung

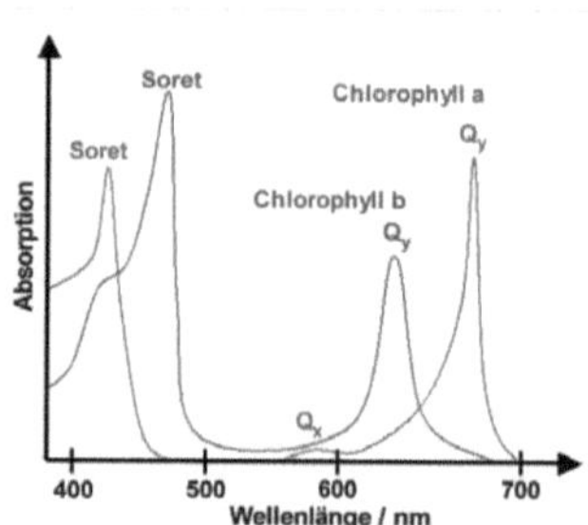

Absorptionsspektrum von Chlorophyll *a* und *b*

Die Absorptionsspektren von in Lösungsmitteln gelösten Chlorophyllen besitzen immer zwei ausgeprägte Absorptionsmaxima, eines zwischen 600 und 800 nm und eines um 400 nm, das Soret-Bande genannt wird. Die Abbildung links zeigt diese Absorptionsmaxima für Chlorophyll *a* und *b*. Die Grünlücke ist der Grund dafür, warum Blätter – diese enthalten Chlorophyll *a* und *b* – grün sind: Zusammen absorbieren Chlorophyll *a* und *b* hauptsächlich im blauen Spektralbereich (400–500 nm) sowie im roten Spektralbereich (600–700 nm). Im grünen Bereich hingegen findet keine Absorption statt, so dass dieser Anteil von Sonnenlicht gestreut wird, was Blätter grün erscheinen lässt.

Besonders auffällig ist die Blattverfärbung vor dem herbstlichen Laubfall. Dieser kommt dadurch zustande, dass in den Zellen das grüne Stickstoff-reiche Photosynthese-Pigment Chlorophyll abgebaut und der Stickstoff in die Sprossachse verlagert wird. Im Blatt verbleiben die bis dahin vom Grün überdeckten gelben Carotine und bei manchen Arten die roten Anthocyane, die für die bunte Herbstfärbung verantwortlich sind. Bei manchen Pflanzen dominieren die Anthocyane generell über das grüne Chlorophyll, so z. B. bei der Blutbuche. Andere Blätter sind grün-weiß gefleckt, panaschiert. Diese Formen sind im Zierpflanzenbereich sehr beliebt.

Rotgefärbte Cabernet-Traubenblätter, Oktober 2007

Blattfolge

Als Blattfolge bezeichnet man die Abfolge verschieden gestalteter Blätter an einer Pflanze. Eine typische Blattfolge ist Keimblätter – Primärblätter – Laubblätter – Blütenblätter. Dazwischen können noch Hoch- und Niederblätter zwischengeschaltet sein. Bei den Farnen verändert sich, mit wenigen Ausnahmen wie den Geweihfarnen, die Gestalt der Blätter am gesamten Spross und an allen Zweigen nur wenig. Im Zuge der Blattfolge kann es zur so genannten Heterophyllie kommen, der unterschiedlichen Ausformung von Blättern an einer Pflanze. Heterophyllie findet sich z. B. am Efeu.

Keimblätter

Die Keimblätter (Kotyledonen) der Samenpflanzen sind die ersten, im Embryo angelegten Blätter und bereits im Samen erkennbar. Sie sind meist wesentlich einfacher gestaltet als die folgenden Blätter. Die Anzahl der Keimblätter dient auch als ein wichtiges systematisches Merkmal. Die Klasse der Einkeimblättrigen (Liliopsida) wurde nach ihrem einzigen Keimblatt benannt (monokotyl). Ihnen wurde bis vor wenigen Jahren die Klasse der Zweikeimblättrigen (Magnoliopsida) gegenübergestellt (dikotyl), die heute jedoch auf zwei Klassen aufgeteilt ist. Die Nacktsamer besitzen meist mehrere Keimblätter und werden deshalb als polykotyl bezeichnet. Je nachdem, ob die Keimblätter bei der Keimung die Erdoberfläche durchbrechen, spricht man von epigäischer (über der Erdoberfläche, unsere meisten Kulturpflanzen) oder hypogäischer (unterhalb der Erdoberfläche, z. B. bei der Erdnuss) Keimung.

Keimblätter von *Jacaranda mimosifolia* (Palisanderbaum)

Primärblätter

Bei vielen Pflanzen folgen auf die Keimblätter Laubblätter, die ebenfalls noch einfacher gestaltet sind als die später gebildeten. Dies sind die sogenannten Primärblätter.

Laubblätter

Dies sind die Blätter, die den Großteil der Blattmasse bei den meisten Pflanzen ausmachen und deren Hauptaufgabe die Photosynthese und Transpiration ist. Besonders für sie gilt der oben in den Abschnitten Anatomie und Morphologische Gliederung beschriebene Aufbau.

Blütenblätter

Morphologisch betrachtet, ist eine Blüte ein Kurzspross, die an diesem Kurzspross sitzenden Blätter sind zu den Blütenblättern umgebildet: Die Blütenhüllblätter sind entweder unterschiedlich ausgebildet als Kelch- (Sepalen) und Kronblätter (Petalen) oder einheitlich als Perigonblätter (Tepalen); nach innen hin folgen die Staub- und die Fruchtblätter.

Niederblätter

Niederblätter (Cataphylle) sind in der Regel klein und einfach gestaltet, vielfach schuppenförmig. Vielfach ist nur das Unterblatt ausgebildet. Meist sind sie nicht grün. An der Sprossachse stehen sie unterhalb der Laubblätter, daher der Name. Sie stehen entweder am Beginn des Grund- oder des Seitentriebes, bei Holzgewächsen stehen Niederblätter häufig als Knospenschuppen am unteren Ende des Jahrestriebes (nicht bei allen Gehölzen sind die Knospenschuppen jedoch Niederblätter). Hier wechseln sich Laubblatt- und Niederblattregion periodisch miteinander ab. Niederblätter finden sich auch an Rhizomen, unterirdischen Ausläufern. Auch die Zwiebelschuppen der Zwiebeln sind meist Niederblätter.

Hochblätter

Als Hochblätter bezeichnet man bei Pflanzen Tragblätter, die in ihrer Blattachsel eine Einzelblüte, einen Blütenstand oder einen Teilblütenstand tragen. Ein Tragblatt einer einzelnen Blüte nennt man Deckblatt. Als Hüllblätter (Involukralblätter) bezeichnet man Hochblätter, die meist zu mehreren einen Blütenstand umgeben. Ihre Gesamtheit nennt man Hülle (Involukrum). Die am Blütenzweig direkt auf die Braktee folgenden Blätter nennt man Vorblätter (Brakteolen).

Häufig unterscheiden sich die Hochblätter von den normalen Laubblättern, z. B. durch eine auffällige Färbung. Von den Niederblättern sind sie nur durch die Stellung im Spross unterschieden. Häufig finden sich zwischen den Laub- und den Hochblättern Übergangsformen (Übergangsblätter).

Blattstellung

Blätter sind an der Sprossachse in gesetzmäßiger, artspezifischer Weise angeordnet. An jedem Knoten der Sprossachse können ein oder mehrere Blätter sitzen, es gibt vier Grundarten der Blattstellung:

- Bei der zweizeiligen oder distichen Blattstellung steht an jedem Knoten nur ein Blatt, Blätter aufeinander folgender Knoten sind um 180° verschoben, sodass sich an der Sprossachse zwei Längszeilen von Blättern ergeben. Vertreter sind viele monokotyle Pflanzen und Schmetterlingsblütler.
- Bei wechselständiger Blattstellung sitzt ebenfalls nur ein Blatt an jedem Knoten, der Winkel zwischen zwei Blättern ist aber von 180° verschieden, die Blätter stehen entlang einer Spirallinie. Diese Anordnung ist für dikotyle Pflanzen charakteristisch.

Beispiel für quirlständige Blattstellung bei *Galium aparine* (Klebriges Labkraut)

- Bei der gegenständigen Blattstellung stehen an jedem Knoten zwei Blätter. Bei der dekussierten oder kreuzgegenständigen Blattstellung sind aufeinander folgende Blattpaare jeweils um 90 Grad gedreht, stehen also im rechten Winkel übereinander. Es entstehen vier Längszeilen. Vertreter sind Lippenblütler, Nelkengewächse und Ölbaumgewächse.
- Bei quirliger Blattstellung stehen an jedem Knoten drei oder mehr Blätter, wobei die Blätter des nächstjüngeren Knotens auf Lücke stehen. Vertreter sind z. B. die Rötegewächse (Waldmeister).

Abwandlungen der Blätter

Wie bei der Wurzel und der Sprossachse sind auch die Blätter vielfach durch Metamorphosen abgewandelt, um entweder ihre ursprüngliche Funktion an bestimmte Umweltbedingungen angepasst zu erfüllen oder überhaupt andere Funktionen zu übernehmen.

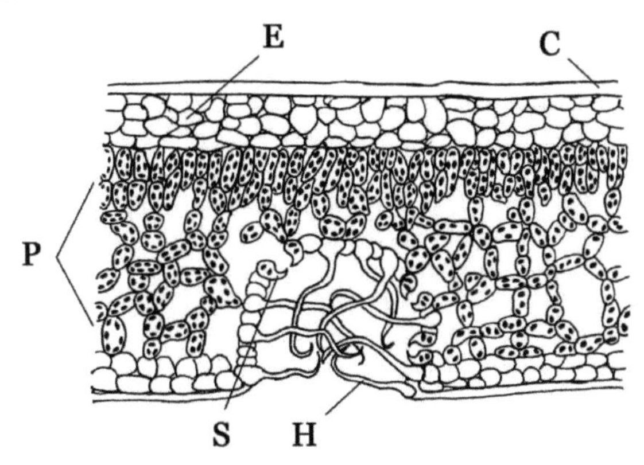

Blattanatomie von Xerophyten. Besonderheiten:
C = verdickte Cuticula,
E = mehrschichtige Epidermis,
H = tote, epidermale Blatthaare,
P = mehrschichtiges Palisaden- und Schwammgewebe,
S = eingesenkte Spaltöffnungen

Sonnen- und Schattenblätter

Sonnenblätter

Sonnenblätter, d. h. Blätter, die dem vollen Sonnenlicht ausgesetzt sind, bilden häufig ein mehrschichtiges, kleinzelliges Palisadenparenchym aus. Die Interzellularen im Schwammparenchym sind schwach ausgebildet.

Schattenblätter

Schattenblätter haben oft ein reduziertes Palisadenparenchym, die Blätter bestehen aus wenigen Zellschichten, die Zellen sind groß und besitzen wenige Chloroplasten. Das Interzellularensystem ist weiträumig, die Palisadenzellen sind kegelförmig. Die Wasserleitungsbahnen sind oft reduziert.

Besonders bei Bäumen (z. B. Rotbuche) treten Sonnen- und Schattenblätter an einer Pflanze auf. Sonnenblätter leiten aber auch zu den xeromorphen Blättern über, Schattenblätter zu den hygromorphen Blättern.

Xeromorphe Blätter

Viele Pflanzen trockener Standorte reduzieren ihre Blätter vollständig oder wandeln sie in Dornen um, wie z. B. die Kakteengewächse. Dadurch wird die Oberfläche der Pflanze wesentlich reduziert und damit auch die Transpiration.

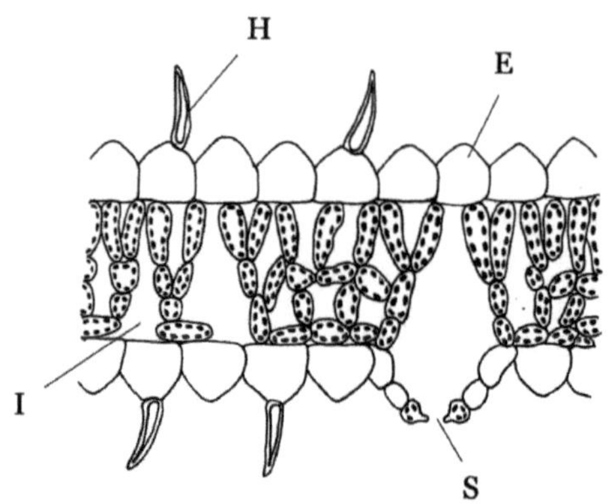

Blattanatomie von Hygrophyten. Besonderheiten:
E = gewölbte, papillenartige Epidermiszellen,
H = lebende, epidermale Blatthaare,
I = große Interzellulare,
S = herausgehobene Spaltöffnungen

Zahlreiche Xerophyten behalten jedoch ihre Blätter, deren Aufbau aber stark in Richtung Transpirations-Verminderung abgewandelt ist. Xeromorphe Blätter sind meist derb-lederig (Hartlaubgehölze, wie etwa Lorbeer, Myrte und Ölbaum). Die Spaltöffnungen sind tief in die Blattoberfläche eingesenkt, die dadurch entstehenden Vertiefungen (Krypten) sind mit Haaren versehen, die die Luftkonvektion weiter behindern. Der substomatäre Interzellularraum kann mit Wachs verschlossen sein. Vielfach werden bei Trockenheit die Blätter eingerollt und so die Spaltöffnungen weiter eingeschlossen (z. B. *Stipa capillata*).

Die Epidermis besitzt eine verdickte Cuticula mit starker Wachseinlagerung. Vielfach sind die Blätter dicht mit toten Haaren besetzt. Dies führt zu einem geringeren Luftaustausch und zu einem deutlich feuchteren Mikroklima direkt an der Blattoberfläche.

Xeromorphe Blätter sind oft äquifazial aufgebaut. Auch das Nadelblatt weist einen typisch xeromorphen Bau auf, da die Nadelgehölze im Winter oft starker Frosttrocknis ausgesetzt sind.

Da eine Verringerung der Transpiration jedoch zu einer Überhitzung führen kann, stellen manche Pflanzen ihre Blätter senkrecht zur Sonneneinstrahlung, wie etwa manche australischen Eukalypten, die „schattenlose Wälder" bilden.

Hygromorphe Blätter

Hygromorphe Blätter sind eine Anpassung an immerfeuchte Standorte. Zusätzlich zu den Merkmalen der Schattenblätter besitzen sie große, dünnwandige Epidermiszellen, die häufig Chloroplasten führen und nur eine dünne Cuticula besitzen. Die Spaltöffnungen sind oft über die Epidermis emporgehoben, um die Transpiration zu erleichtern. Hygrophyten (Hygromorphe Blätter), die meist in tropischen Gebieten leben, haben nämlich die Schwierigkeit, wegen der hohen Luftfeuchtigkeit Wasser abzugeben, um somit neues (und damit auch Mineralien) aufzunehmen. Im Gegensatz zu Xerophyten die ihre Stoma nach innen gestülpt haben um möglichst wenig Wasser zu transpirieren, haben Hygrophyten ihre Spaltöffnung nach Außen vorgestülpt. Manchmal kommt auch aktive Wasserausscheidung (Guttation) über die Stomata vor, dann hängen Wassertropfen an der hervorgestülpten Stoma, die vom Wind weggeweht oder von Tieren durch Berührung zu Boden fallen. Guttation ist die Ausscheidung von Wasser, das nicht mehr in Gasform vorliegt wie bei der Transpiration.

Nadelblatt

Ein Zweig mit Nadelblättern.
Picea glauca

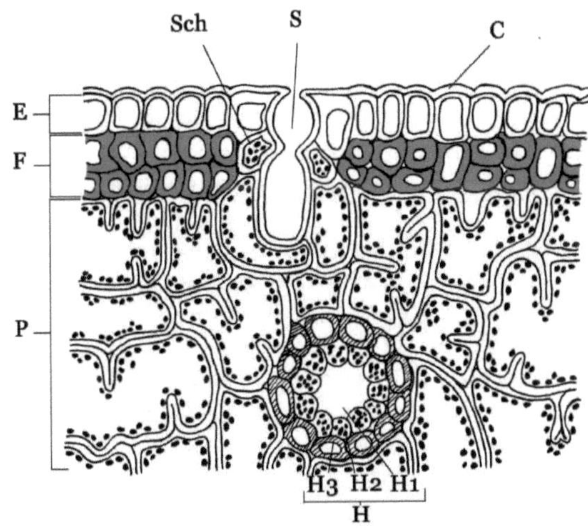

Blattanatomie eines Nadelblattes. Bezeichnung:
C = dicke Cuticula,
E = Epidermis,
F = totes Festigungsgewebe (Hypoderm),
H = Harzkanal,
H_1 = Lumen (Hohlraum),
H_2 = Drüsenepithel,
H_3 = sklerenchymatische Scheide,
P = Armpalisaden-Parenchym,
S = eingesenkte Spaltöffnungen,
Sch = Schließzellen

Die Nadelblätter der meisten Nadelholzgewächse (Pinophyta) sind großteils eine Anpassung an Trockenheit (Xeromorphie). Die meist immergrünen Bäume sind im Winter der Frosttrocknis ausgesetzt, d. h. durch den gefrorenen Boden kann die Pflanze kein Wasser aufnehmen und muss daher dem Wasserverlust über die Blätter entgegenwirken: Die Nadeln haben eine kleine Oberfläche, eine dicke Cuticula und die Spaltöffnungen sind in die Epidermis eingesenkt.

Nadelblätter weisen weitere charakteristische Merkmale auf – die meisten Blätter sind äquifazial aufgebaut, Schwamm- und Palisadenparenchym sind nicht deutlich getrennt. Darüber hinaus gibt es einige bifaziale Nadelblätter, z. B. das der Weißtanne (*Abies alba*), die eine unterschiedliche Differenzierung nach Oberseite (Palisadenparenchym) und Unterseite (Schwammparenchym sowie weiße Wachsschicht mit Stomata) ähnlich einem Laubblatt aufweisen. Die Oberfläche der Mesophyllzellen einiger Pinusarten ist durch leistenförmige Wandeinstülpungen vergrößert (Armpalisaden-Parenchym). Zwischen diesem Parenchym und der Epidermis liegt ein sklerotisches (totes) Festigungsgewebe, die so genannte Hypodermis, aus extrem dicken Zellwänden. Die Epidermiszellen sind meistens mit sekundären und tertiären Wandverdickungen ebenfalls fast komplett ausgefüllt und weisen lediglich schmale Verbindungskanäle zur Nachbarzelle auf. Im Mesophyll verlaufen in Längsrichtung meist

Harzkanäle. Die ein bis zwei unverzweigten Leitbündel sind von einer gemeinsamen Leitbündelscheide, der Endodermis, umgeben. Der Stofftransport zwischen Leitbündel und Mesophyll erfolgt durch ein spezielles Transfusionsgewebe (Strasburger-Zellen) sowie durch kurze tote Tracheiden. Das Leitbündel besteht wie in der Sprossachse und der Wurzel aus Xylem und Phloem. Dazwischen befindet sich eine dünne Kambiumschicht, die zur Neubildung von Siebzellen bei mehrjährigen Nadelblättern dient (Siebzellen sind sehr kurzlebig, siehe auch Bast). Xylem wird kaum neu gebildet.

Weitere Metamorphosen

Dornen

Dornen dienen den Pflanzen zur Abwehr von Tieren. Blattdornen sind ein- oder mehrspitzige Umbildungen von Blättern oder Blattteilen aus sklerenchymatischem Gewebe. Die Dornen der Berberitze sind Umwandlungen des gesamten Blattes, sie treten an den Langtrieben auf. Nebenblattdornen (Stipulardornen) treten immer paarig auf und sind z. B. bei der Robinie zu finden.

Ranken

Ranken dienen der Pflanze zum Halt an Stützen. Sie können von allen Grundorganen des Blattes abgeleitet sein. Bei der Erbse sind beispielsweise die Endfiedern der Fiederblätter umgebildet, während bei der Platterbse die Ranke durch die Blattspreite gebildet wird, während die Nebenblätter die Photosynthese übernehmen. Bei manchen Pflanzen wird der Blattstiel für das Ranken benutzt – diese winden sich um die Stütze (z. B. Kannenpflanzen oder Zaunwinde).

Speicherorgane

An wasserarmen Standorten sind Blätter häufig zu wasserspeichernden Organen umgewandelt. Solche Blätter sind häufig äquifazial gebaut. An der Wasserspeicherung können entweder die Epidermis und subepidermales Gewebe beteiligt sein, oder es findet im Mesophyll statt.

Wasserspeichernde Zellen besitzen immer sehr große Saftvakuolen. Sukkulente Blätter haben ein dickfleischiges, saftiges Aussehen. Pflanzen mit derartigen Blättern bezeichnet man als Blattsukkulenten. Wie auch bei der Sprosssukkulenz geht die Blattsukkulenz häufig mit dem CAM-Mechanismus einher. Typische Blattsukkulenten sind die Agaven oder die Hauswurz-Arten.

Auch Zwiebeln bestehen aus Blättern und dienen der Speicherung. Eine Zwiebel ist eine äußerst gestauchte, unterirdische Sprossachse, der schalenförmig übereinander liegende, dickfleischige Schuppenblätter aufsitzen. Diese Schuppenblätter sind Niederblätter oder gehen aus dem Blattgrund abgestorbener Laubblätter hervor und dienen der Speicherung von Reservestoffen. In den ungünstigen Jahreszeiten überdauert die Pflanze als Zwiebel. Zwischen den Schuppenblättern treiben Achselknospen bei Beginn einer neuen Vegetationsperiode zu neuen Vegetationskörpern aus und verbrauchen dabei die gespeicherten Reservestoffe. Neben der Küchenzwiebel sind Tulpen, Lilien und Narzissen weitere Beispiele für Zwiebelpflanzen. Zwiebeln kommen nur bei Monokotylen vor.

Phyllodien

Wenn der Blattstiel verbreitert ist und die Funktion der Blattspreite übernimmt, so spricht man von Phyllodien. In diesem Fall ist die Blattspreite meistens stark reduziert. Beispiele finden sich bei den Akazien, bei denen sich häufig mehrere Übergangsstadien von den typischen Fiederblättern bis hin zu spreitenlosen Phyllodien an einer Pflanze finden.

Zweig der Berberitze von unten. In den Achseln der Dornen sitzen die beblätterten Kurztriebe.

Sukkulente Blätter der Dach-Hauswurz

Die Zwiebel besteht aus Blättern

Phyllodien von *Acacia confusa*

Blätter fleischfressender Pflanzen

Bei vielen fleischfressenden Pflanzen sind die Blätter zu Organen umgewandelt worden, mit denen Beute gefangen und absorbiert wird, je nach Gattung werden sie entweder als Klebe-, Klapp- oder Fallgrubenfallen bezeichnet. Dabei sind bei einigen Pflanzengattungen die Blätter auch zu, teils sehr schnellen, Bewegungen fähig (Sonnentaugewächse, Wasserschläuche). Alle fleischfressenden Pflanzen sind in der Lage, mit der Oberfläche ihrer Fallen die gelösten Nährstoffe der Beute zu absorbieren, die im strengen Sinne karnivoren Pflanzen sind zusätzlich noch mit Drüsen auf der Oberfläche der Fallen versehen, durch die sie Enzyme ausscheiden, die die Beute auflösen.

Eine Kanne der fleischfressenden *Nepenthes sibuyanensis*

Blätter der Epiphyten

Epiphyten wachsen auf Bäumen oder anderen Pflanzen und sind daher für ihre Wasser- und Nährstoffversorgung rein auf Niederschläge und Luftfeuchtigkeit (Nebel) angewiesen. Viele Epiphyten bilden mit ihren Blättern trichterförmige Rosetten, in denen sich Regenwasser ansammelt. In den Trichtern der Nestfarne, z. B. (*Asplenium nidus*), sammelt sich mit der Zeit sogar Humus an, ebenso in den Mantelblättern der Geweihfarne (*Platycerium*). Die Gattung *Dischidia* (Asclepiadaceae) bildet schlauchförmige Blätter, in denen sich Ameisenkolonien ansiedeln, die Erde einschleppen. In diese „Blumentöpfe“ wachsen Adventivwurzeln ein. Ähnliches gilt auch für viele Lithophyten.

Die meisten (vor allem epiphytische) Bromeliengewächse, zum Beispiel *Tillandsia*-Arten, bilden spezielle Absorptionshaare (Saugschuppen) aus, mit deren Hilfe sie Wasser über das Blatt aufnehmen können.

Stoffaustausch über die Oberfläche

Die wichtigste Aufgabe der Blätter ist die Photosynthese, mit der der Austausch von Sauerstoff und Kohlendioxid mit der Umgebungsluft einhergeht, und die Transpiration, also die Abgabe von Wasser an die Atmosphäre. Diese Vorgänge werden in den jeweiligen Artikeln genauer beschrieben. Daneben gibt es noch eine Reihe weiterer Stoffe, die die Blätter über die Luft aufnehmen bzw. an die Luft abgeben können. [3]

Austausch über die Spaltöffnungen

Über die Spaltöffnungen werden vor allem gasförmige und sehr flüchtige Substanzen aufgenommen. Die wichtigsten sind Schwefeldioxid, Ammoniak und Stickstoffdioxid. Ammoniak kann in Gebieten mit intensiver Tierhaltung 10 bis 20 % des Pflanzenstickstoffs liefern. Die Aufnahme von Ammoniak durch die Spaltöffnungen steigt linear mit der Außenkonzentration. Dasselbe gilt für Stickstoffdioxid. Schwefeldioxid führt in hohen Konzentrationen zur Schädigung der Photosynthese, geringe Konzentrationen können besonders bei Schwefelmangel im Boden zu besserem Wachstum führen.

Pflanzen können aber über ihre Blätter auch Nährstoffe verlieren. So wurde der Verlust an Stickstoff durch die stomatäre Abgabe von Ammoniak für Reis auf 15 kg Stickstoff pro Hektar, für Weizen auf sieben kg Stickstoff pro Hektar berechnet, was in letzterem Fall 20 % der Düngergabe entsprach. Bei hoher Schwefeldioxid-Belastung geben Blätter Schwefelwasserstoff ab. Dies wird als Entgiftungsmechanismus gedeutet. Aber auch Pflanzen ohne Schwefeldioxid-Belastung geben flüchtige Schwefelverbindungen ab, für Hafer und Raps wurden Werte von zwei bis drei Kilogramm Schwefel pro Hektar und Jahr errechnet. Pflanzen mit hohem Selen-Gehalt geben ebenfalls flüchtige Selen-Verbindungen, wie etwa Dimethylselen ab.

Aufnahme von gelösten Stoffen, Blattdüngung

Die Aufnahme von gelösten Stoffen über die Blätter ist bei Landpflanzen durch die Cuticula der Epidermis stark eingeschränkt. Niedermolekulare Verbindungen wie Zucker sowie Mineralstoffe und Wasser können durch hydrophile Poren die Cuticula passieren. Diese Poren haben einen Durchmesser von einem Nanometer, dadurch kann z. B. Harnstoff (Durchmesser 0,44 Nanometer) leicht passieren. Die Poren sind negativ geladen, so dass Kationen leichter passieren können als Anionen. Damit wird z. B. Ammonium rascher aufgenommen als Nitrat. Poren treten besonders häufig in der Zellwand der Schließzellen auf, womit die häufig beobachtete positive Korrelation zwischen der Anzahl der Stomata und der Nährstoffaufnahme aus flüssigem appliziertem Dünger erklärt werden kann.

Die weitere Aufnahme in die Zelle verläuft gleich wie bei der Nährstoffaufnahme der Wurzeln über den Apoplasten. Die Aufnahmerate ist bei gleicher externer Nährstoffkonzentration jedoch bei Blättern aufgrund des zusätzlichen Engpasses der Cuticula wesentlich geringer als bei der Wurzel. Im Gegensatz zu Wurzeln wird die Ionenaufnahme von Blättern durch Licht gefördert. Die Aufnahmerate ist auch abhängig von der internen Nährstoffkonzentration, d. h. die Aufnahme ist bei Nährstoffmangel rascher.

In natürlichen Ökosystemen ist die Aufnahme von Nährstoffen nur bei Stickstoff und Schwefel von Bedeutung.

Blattdüngung führt den Pflanzen die Nährstoffe in der Regel rascher zu als herkömmliche Bodendüngung. Daher wird sie trotz mancher Nachteile in vielen Bereichen eingesetzt.

Zu den Nachteilen zählen:

- Abperlen von der hydrophoben Blattoberfläche
- Abwaschen durch Regen
- Bestimmte Nährstoffe wie Kalzium können von den Blättern nicht mehr in andere Pflanzenteile transportiert werden.
- Mit einer Blattdüngung kann nur eine begrenzte Menge an Nährstoffen aufgebracht werden (Ausnahme ist Harnstoff).

- Es kann zu Schäden am Blatt führen: Nekrosen und *Verbrennungen.*

Unter bestimmten Bedingungen ist die Blattdüngung dennoch von großer praktischer Bedeutung:

- Nährstoffmangel im Boden: Auf Kalkböden, die Eisen immobilisieren, kann Blattdüngung mit Eisen vor Chlorosen schützen. Dasselbe gilt für Mangan-Mangel. Bei Obstbäumen kann eine im Herbst applizierte Blattdüngung mit Bor vor Bormangel schützen.
- Trockene Oberböden: In semiariden Gebieten ist die Nährstoffverfügbarkeit durch die Austrocknung des Oberbodens oft drastisch reduziert. In solchen Fällen ist Blattdüngung effektiver als Bodendüngung.
- Während der Samenfüllung ist bei vielen Pflanzen die Wurzelaktivität reduziert. Auch hier kann Blattdüngung zu höheren Nährstoffgehalten und auch Ernteerträgen führen.

Bei der Bewässerung mit salzhaltigem Wasser kann es zu stark erhöhter Aufnahme von Chlorid und Natrium kommen. Dieser Effekt ist bei dieser Bewässerungsart stärker als es bei der Tröpfchenbewässerung der Fall ist.

Leaching

Der Verlust von organischen und anorganischen Stoffen durch Flüssigkeiten, besonders Regen und Bewässerung, wird meist mit dem englischen Begriff *Leaching* (Lecken, Auswaschen) bezeichnet. Man unterscheidet vier Arten:

1. Aktive Exkretion von Lösungen, z. B. die Exkretion von Salz durch Salzdrüsen in Halophyten.
2. Exkretion von inorganischen Lösungen an Blattspitzen und -rändern durch Wurzeldruck: Guttation.
3. *Leaching* aus verletzten Blattbereichen.
4. *Leaching* aus dem Apoplasten von intakten Blättern.

Von wesentlicher ökologischer Bedeutung sind die letzten beiden Arten. Der Verlust ist höher in alten Blättern und unter Stress (Trockenheit, hohe Temperatur, Ozon). Auch ein niedriger pH-Wert des Regens (*saurer Regen*) erhöht das Leaching. Die Kationen des Blattes werden wie in einem Ionenaustauscher durch Protonen ersetzt.

Mit Ausnahme von Stickstoff und Schwefel überwiegt in natürlichen Ökosystemen das Leaching. Besonders hoch ist der Verlust in Gebieten mit starken Regenfällen. Für tropische Regenwälder wurden folgende Jahreswerte berechnet (in Kilogramm pro Hektar): Kalium 100–200, Stickstoff 12–60, Magnesium 18–45, Kalzium 25–29, und Phosphor 4–10. In gemäßigten Breiten fällt – verglichen mit den internen Blattgehalten – die hohe Leaching-Rate von Kalzium und Mangan auf. Diese Elemente sind nicht phloemmobil, d. h. sie sammeln sich in den Blättern an. Das starke Leaching wird als Strategie der Pflanzen gedeutet, zu hohe Konzentrationen zu vermeiden.

Neben Mineralstoffen können auch größere Mengen an organischen Verbindungen durch Leaching verloren gehen. Für Wälder der gemäßigten Breiten wurden Werte von 25 bis 60 Kilogramm Kohlenstoff pro Hektar und Jahr errechnet, für tropische Wälder schätzt man die Menge auf mehrere hundert Kilogramm.

Das Blatt als Lebensraum

Minen in einem Rosskastanien-Blatt

Blätter enthalten als physiologisch sehr aktive Pflanzenteile (Photosynthese) in der Regel sehr viele Nährstoffe und sind daher eine sehr wichtige Nahrungsquelle für eine Vielzahl von Tierarten. Etliche Tiergruppen benutzen jedoch die Blätter zugleich auch als Lebensraum. Hierzu zählen etwa die Blattminierer wie z. B. die Rosskastanienminiermotte. Dies sind Insekten, deren Larven Gänge im Inneren der Blätter fressen. Weitere Beispiele sind Blattroller (Familie Attelabidae), deren Weibchen Blätter einrollen und darin die Eier ablegen, so dass die Larven geschützt sind und Gallwespen, die mit der Eiablage die Bildung sogenannter Gallen, Wucherungen des Pflanzengewebes, auslösen, von denen sich die Larven ernähren.

Blätter werden auch von einer Vielzahl von Pilzen befallen, wie etwa von Mehltau-, Brand- und Rostpilzen, die in landwirtschaftlichen und gartenbaulichen Kulturen große Schäden anrichten können. In Blättern leben auch oft endophytische Pilze, die zu keiner erkennbaren Schädigung der Pflanze führen.

Auf Blättern können wiederum andere Pflanzen leben, man nennt diese Lebensform Epiphyllie. Epiphylle Moose und Flechten sind besonders häufig in den tropischen Regen- und Nebelwäldern.

Den Lebensraum, den die unmittelbare Blattoberfläche für andere Organismen bietet, bezeichnet man auch als Phyllosphäre.

Quellenangaben

[1] vgl. *Lexikon der Biologie.* Bd 3. Spektrum Akademischer Verlag, Heidelberg 2000, S. 1. ISBN 3-8274-0328-6; Sitte u. a., 2002, S. 717–750.

[2] Wilhelm Seyffert (Hrsg.); Wilhelm Seyffert (Hrsg.): *Lehrbuch der Genetik.* Spektrum Akademischer Verlag, Heidelberg 2003, ISBN 3-8274-1022-3, S. 712f.

[3] Der Abschnitt folgt Horst Marschner: *Mineral nutrition of higher plants.* 2 Auflage. Academic Press, London 1995, ISBN 0-12-473543-6, S. 116-130.

Literatur

- Wolfram Braune, Alfred Leman, Hans Taubert: *Pflanzenanatomisches Praktikum. 1. Zur Einführung in die Anatomie der Vegetationsorgane der Samenpflanzen.* 6 Auflage. Gustav Fischer, Jena 1991, ISBN 3-334-60352-0, S. 176-220.
- Manfred A. Fischer, Wolfgang Adler, Karl Oswald: *Exkursionsflora für Österreich, Liechtenstein und Südtirol.* 2., verb. u. erw. Auflage. Biologiezentrum der Oberösterreichischen Landesmuseen, Linz 2005, ISBN 3-85474-140-5, S. 72-84.
- Stefan Klotz, Dieter Uhl, Christopher Traiser, Volker Mosbrugger: *Physiognomische Anpassungen von Laubblättern an Umweltbedingungen.* in: *Naturwissenschaftliche Rundschau.* Stuttgart 58.2005,11, S. 581–586, ISSN 0028-1050 (http://dispatch.opac.d-nb.de/DB=1.1/CMD?ACT=SRCHA&IKT=8&TRM=0028-1050)
- Ulrich Lüttge, Manfred Kluge, Gabriela Bauer: *Botanik. Ein grundlegendes Lehrbuch.* VCH, Weinheim 1989, ISBN 3-527-26119-2.
- Klaus Napp-Zinn: *Anatomie des Blattes.* T II. Blattanatomie der Angiospermen. B: Experimentelle und ökologische Anatomie des Angiospermenblattes. in: *Handbuch der Pflanzenanatomie.* Bd 8 Teil 2 B. Borntraeger, Stuttgart 1988 (2. Lieferung), ISBN 3-443-14015-7
- Schmeil, Fitschen: *Flora von Deutschland und angrenzender Länder.* Quelle & Meyer, Heidelberg/Wiesbaden [89]1993, ISBN 3-494-01210-5

- Eduard Strasburger (Begr.), Peter Sitte, Elmar Weiler, Joachim W. Kadereit, Andreas Bresinsky, Christian Körner: *Lehrbuch der Botanik für Hochschulen*. 35. Auflage. Spektrum Akademischer Verlag, Heidelberg 2002, ISBN 3-8274-1010-X.

Weblinks

- Aufbau eines typischen Laubblattes (http://www.zum.de/Faecher/Materialien/beck/12/bs12-3.htm)
- Blattquerschnitt (Übersicht) (http://www.rz.uni-karlsruhe.de/~botanik/anf-prakt/hel-bla.jpg)
- Blattformen und Blattstellungen (http://www.biologie.uni-hamburg.de/b-online/d02/02c.htm)
- Blatt-Bilder aus dem Bildarchiv der Universität Basel (http://131.152.161.2/FMPro?-DB=b.fp5&-Lay=L&-error=B/bfehler.htm&-op=bw&alles=&-op=bw&fam=&-op=bw&gattart=&-op=bw&legende=&-op=bw&herkunft=&-max=6&-format=b/bliste1.htm&-LOP=AND&-Find=Suchen&katmorph=Blätter)
- Blattnervatur-Bilder aus dem Bildarchiv der Universität Basel (http://131.152.161.2/FMPro?-DB=b.fp5&-Lay=L&-error=B/bfehler.htm&-op=bw&alles=&-op=bw&fam=&-op=bw&gattart=&-op=bw&legende=&-op=bw&herkunft=&-max=6&-format=b/bliste1.htm&-LOP=AND&-Find=Suchen&katmorph=Blattnervatur)
- spektrumdirekt: Der Ursprung der Blätter (http://www.wissenschaft-online.de/artikel/571520)
- Beispiele für fossile, pliozäne Blätter (http://www.geo-lieven.com/erdzeitalter//neogen/garzweiler/garzweiler.htm)

mrj:ЫЛЫштӓш (ботаника)

Trichom

Als **Trichome** (Pflanzenhaare) bezeichnet man haarähnliche Strukturen auf den Oberflächen von Pflanzen, die in Größe, Form und Dichte variieren und unterschiedliche Funktionen ausüben.

Physiologie

Trichome können aus einer oder mehreren epidermalen Zellen bestehen (im Gegensatz zur Emergenz, die auch aus hypodermalen Schichten besteht). Man kann sie je nach Pflanze in unterschiedlicher Form auf der ganzen Pflanzenoberfläche finden. Sie kommen als Schutz-, Stütz- und Drüsenhaare und im Wurzelbereich als absorbierende Haare vor. Sie sind mitunter in einem regelmäßigen Muster auf der Epidermis angeordnet, wobei deren Basis über mehrere Pflanzenzellen hinwegreicht (8–10 Epidermiszellen).

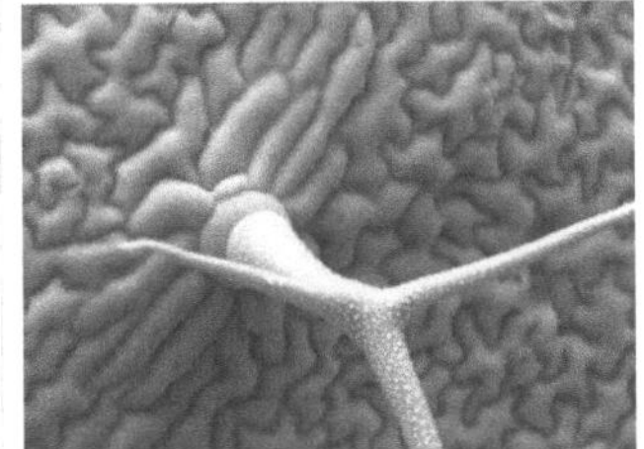

Trichom bei der Acker-Schmalwand (*Arabidopsis thaliana*)

Üblicherweise bildet sich das Trichom aus einer einzelnen epidermalen Zelle, deren DNA-Gehalt und Wachstum um ein Vielfaches erhöht ist. Das Trichom ist hohl und verzweigt sich im Laufe seiner Entwicklung unter Umständen an dessen Ende mehrmals. Die Oberfläche eines Trichoms ist von unzähligen scharfen oder warzigen Auswüchsen überzogen. Zytoplasma und Zellkern sind nur im Basalteil zu finden, wo ebenso Calciumcarbonat-Kristalle vorhanden sind.

In niederschlagsärmeren Gebieten ist die Dichte der Trichome erhöht. Je mehr Trichome oder je stärker verzweigte Trichome vorhanden sind, desto höher ist die Lichtbrechung an der Pflanzenoberfläche, was zu einem reduzierten Lichteinfall und damit reduzierter Temperatur in den betreffenden photosynthetisch aktiven Organen führt. Die verstärkte Lichtbrechung, die letztlich also zu einer Reduktion des Wasserverlustes führt, erkennt man gut an dem silbrig weißen Schimmern mancher Blätter oder Sprossachsen. Ganz im Gegensatz dazu gibt es auch so genannte Hydathoden, die für eine aktive Wasserabgabe sorgen. Trichome schützen die Pflanze auch vor Schädlingsbefall, da sie ein Hindernis für Insekten darstellen. *Drüsenhaare* halten Insekten durch die Produktion von ätherischen Ölen aktiv ab.

Drüsenhaare als Klebfalle am Rundblättrigen Sonnentau (*Drosera rotundifolia*)

Dicht stehende Silikathaare als Fraßschutz. Typisch für die Raublattgewächse, hier bei einer Ochsenzunge.

Typen

Einteilung nach Funktion

- Drüsenhaare: Produktion von ätherischen Ölen, Insektenabwehr
- Fühlhaare: reizbare Haare zum Beispiel an den Klappfallen bestimmter fleischfressender Pflanzen
- Hydathoden: sorgen für aktive Wasserabgabe vor allem bei tropischen Pflanzen
- Kletterhaare / Klimmhaare: zum Beispiel bei dem Kletten-Labkraut
- Nektarien
- Saughaare: Wasseraufnahme
- Salzhaare: scheiden überflüssiges Salz aus. Vor allem bei salztoleranten Pflanzen, die an den Meeresküsten wachsen
- Abgestorbene Haare als Schutz vor Austrocknung (wie beispielsweise bei den Levkojen)
- Brennhaare

Einteilung nach Form der Haare

- Einfache Haare: unverzweigte Haare, die einzellig, einzellreihig oder auch mehrzellreihig sein können
- Zwei- bis fünfarmige Haare: ein- oder mehrzellige Haare mit zwei bis fünf Armen
- Sternhaare: sitzende oder gestielte Haare mit zahlreichen, in einer Ebene oder räumlich angeordneten, sternförmig abstehenden, langen Strahlen. Sternhaar ist auch fossil gut bekannt. Vermutlich von Eichen stammend, ist es der weitaus häufigste organische Einschluss in Baltischem Bernstein aus dem Eozän.[1]
- Schuppenhaare: beinahe scheibenförmige, mehrzellige Haare, die sitzend oder gestielt sein können. Am Rande sind sie glatt oder durch freie Spitzen der Zellen gezähnt.
- Baumhaare: ein- oder mehrzellige Haare mit einer Hauptachse und Verzweigungen auf mehreren Ebenen[2]

Literatur

- Eduard Strasburger (Begr.), Peter Sitte, Elmar Weiler, Joachim W. Kadereit, Andreas Bresinsky, Christian Körner: *Lehrbuch der Botanik für Hochschulen.* 35. Auflage. Spektrum Akademischer Verlag, Heidelberg 2002, ISBN 3-8274-1010-X.

Einzelnachweise

[1] Jan Medenbach: Eichenhaare und -Blüten im Baltischen Bernstein. In Oberhessische Naturwissenschaftliche Zeitschrift, Band 60, Gießen 1998–2000.

[2] W.L. Theobald, J.L. Krahulik, R.C. Rollins: *Trichome description and classification* aus C.R. Metcalfe, L. Chalk: *Anatomy of the Dicotyledons*, Clarendon, 2. Auflage, 1979, Oxford, S. 45 (Zitiert nach: Gerhard Wagenitz: *Wörterbuch der Botanik.* 2. Auflage. Nikol, Hamburg 2008, ISBN 3-937872-94-9, S. 334, 335.)

Weblinks

- VB Gerritsen: *more to it than meets the finger.* (http://www.expasy.org/spotlight/back_issues/120/) In: *protein spotlight.* SIB, abgerufen am 31. August 2010.

Rhachis

Rhachis ist ein Begriff, der für eine Reihe unterschiedlicher, länglicher beziehungsweise spindelförmiger Strukturen in Körperteilen oder Organen von Pflanzen und Tieren verwendet wird. Er stammt aus dem Griechischen und bedeutet ursprünglich „Rückenmark“.

In der Botanik bezeichnet man als Rhachis in der Regel die mittlere Hauptachse von Fiederblättern oder die Hauptachse der Blütenstände.

In der Zoologie wird der Begriff unter anderem für den Schaft von Vogelfedern verwendet. Er kann jedoch auch weitere Bedeutungen haben, und beispielsweise den mittleren Teil des Rückenpanzers von Trilobiten bezeichnen.

Quelle

- Herder-Lexikon der Biologie, Spektrum Akadem. Verlag, 1994. ISBN 3-86025-156-2

Blütenstand

Mit **Blütenstand** oder **Infloreszenz** wird der Teil des Sprossachsensystems bezeichnet, der der Blütenbildung bei Samenpflanzen dient und daher entsprechend modifiziert ist. Charakteristisch für diesen Teil des Sprosses ist die Art und das Ausmaß der Verzweigungen der Sprossachse, deren Beblätterung sowie Abwandlungen in Form von Streckungen, Stauchungen, Verdickungen, Verwachsungen oder Reduktionen der Haupt- und Nebenachsen. Damit stellt der Blütenstand einen wesentlichen Bestandteil des Habitus der blühenden Pflanze dar und somit ein zur Artbestimmung innerhalb eines Verwandtschaftskreises hervorragend geeignetes Merkmal. Viele Blütenstände wirken auf Bestäuber wie eine große Blume, sie lassen sich damit besser anlocken als mit einzelnen Blüten. Dieser Vorteil gilt vor allem, wenn die Blüten klein sind und einzeln zu unscheinbar wären.

Allgemeines

Für alle Typen von Blütenständen lassen sich zusätzlich einige typenübergreifende Charakteristika finden, die beinahe in beliebiger Kombination untereinander auftreten. Sie ergänzen die Benennung der Blütenstände zusätzlich und haben keinen Einfluss auf die Typisierung.

Beblätterung

Die Unterscheidung zwischen dem Blütenstand als generativem und dem vegetativen Teil der Pflanze geschieht oft anhand der verschiedenartigen Beblätterung:

- Fehlen die Blätter im Bereich des Blütenstandes ganz oder teilweise und sind sie als Hochblätter (Brakteen) ausgebildet und unterscheiden sich damit von der sonstigen Beblätterung, spricht man von einer brakteosen Beblätterung oder brakteosen Infloreszenz.
- Bei laubigen Tragblättern spricht man oft von einem blühenden Spross anstatt eines Blütenstands. Da diese Blätter trotz ihres laubblattartigen Äußeren auch hochblattartige Merkmale besitzen, ist frondoser Blütenstand die treffendere Bezeichnung.
- Des Weiteren existiert eine verbindende Zwischenform, der frondo-brakteose Blütenstand.
- Im Infloreszenzbereich können, so bei vielen Holzgewächsen, aber auch Blätter ohne jede Hochblattmerkmale auftreten. Es handelt sich um Kleinlaubblätter, die sich von den regulären Laubblättern durch eine gleichmäßige Reihe an Reduktion ableiten. Man spricht hierbei von fronduloser Beblätterung, den Übergang zur frondosen Infloreszenz bildet der frondo-frondulose Blütenstand.

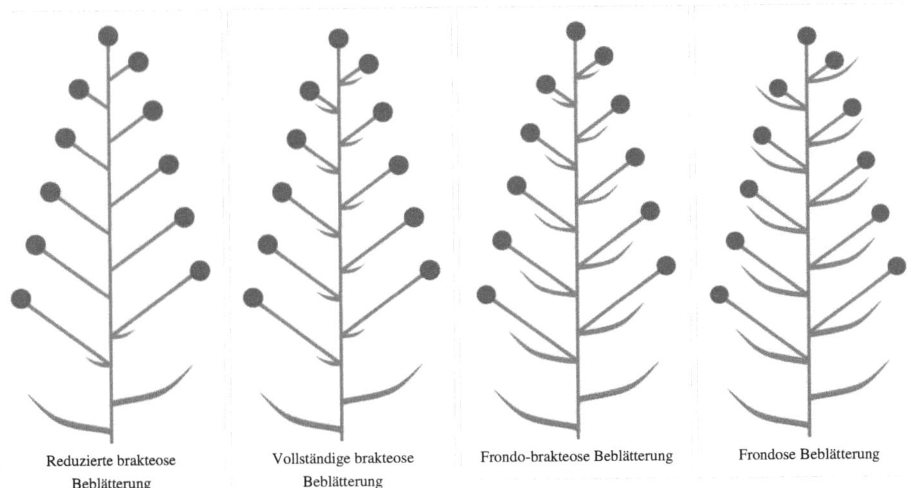

Reduzierte brakteose Beblätterung

Vollständige brakteose Beblätterung

Frondo-brakteose Beblätterung

Frondose Beblätterung

Die veraltete strenge Aufteilung in Blütenstand (brakteos) und blühenden Spross (frondos) mit den unterschiedlichen Tragblättern ist heute einer Einteilung gewichen, bei der die verschiedenen Formen von Blütenständen in einer sinnvoll weitergefassten Einteilung mit den verschiedenen Blättern als verbindendem Element definiert werden. Ein blühender Spross sollte deshalb entsprechend stets als frondoser Blütenstand bezeichnet werden.

Terminalblüte

Für die Ausbildung der Vegetationsspitze gibt es zwei Möglichkeiten, namentlich die, ob sich eine Terminalblüte ausbildet oder nicht. Das Vorhanden- oder Nichtvorhandensein einer Terminalblüte bei den Blütenpflanzen ist für ganze Verwandtschaftskreise charakteristisch.

Geschlossener Blütenstand

Bildet die Sprossspitze eine Terminalblüte aus und verbraucht sich dadurch, spricht man von einem geschlossenen oder determinierten Blütenstand. Die einzelnen Blütenblätter folgen dabei genau der Abfolge der vorausgegangenen Blätter (Phyllotaxis). Die Terminalblüte blüht üblicherweise zuerst auf (präkursive Entfaltung), die Seiten- oder Lateralblüten unterliegen in ihrem Aufblühen (Effloration) meist einer Förderung von der Basis zur Spitze aufwärts (akropetal), oft auch von der Spitze abwärts (basipetal), seltener hin zu beiden Seiten (divergent). Durch fehlende Wachstumsstimuli oder als Hungerform kann der Blütenstand nur reduziert zur Ausbildung kommen und ganz auf die Terminalblüte beschränkt sein.

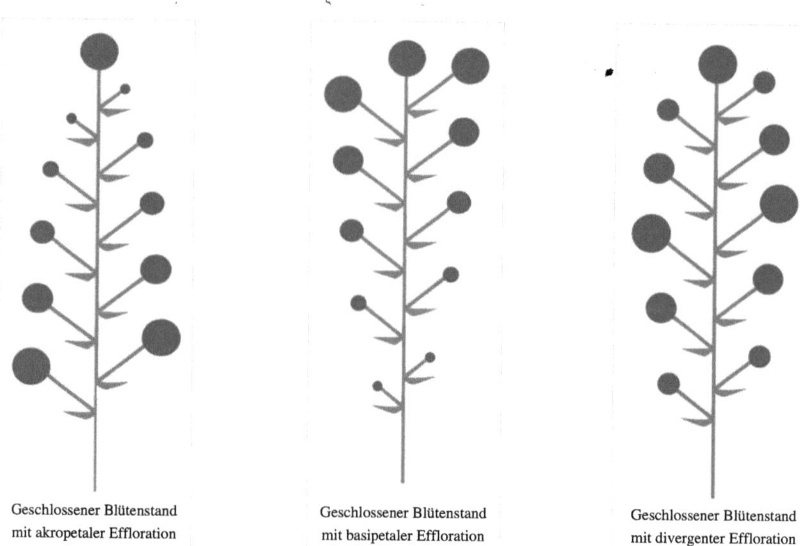

Geschlossener Blütenstand mit akropetaler Effloration

Geschlossener Blütenstand mit basipetaler Effloration

Geschlossener Blütenstand mit divergenter Effloration

Offener Blütenstand

Bildet die Sprossspitze statt einer Blüte weiterhin Hochblätter mit Knospen in ihren Achseln und endet blind in einem meist verjüngten, rudimentären Ende, so liegt ein offener Blütenstand vor. Die angelegten Blütenknospen blühen entweder allesamt auf oder sie liegen nach obenhin in immer weiterer Reduktion bis zum undeterminierten Sprossscheitel, der sogar noch zum Weiterwachsen fähig sein kann (Proliferation). Die bei Pflanzen häufige Tendenz, dass eine fehlende terminale Spitze durch die nächstgelegene ersetzt wird (Übergipfelung), kann sich auch hier zeigen: Die Blüte unterhalb der rudimentären Sprossspitze richtet sich auf und wird scheinbar zur neuen Terminalblüte. Ist ihr lateraler Ursprung noch zu erkennen, am besten durch ein noch sichtbares Rudiment, wird sie als Subterminalblüte benannt, ist der laterale Ursprung nicht einmal mehr entwicklungsgeschichtlich nachweisbar, sondern nur noch im Vergleich mit verwandten Arten, nennt man sie Pseudoterminalblüte.

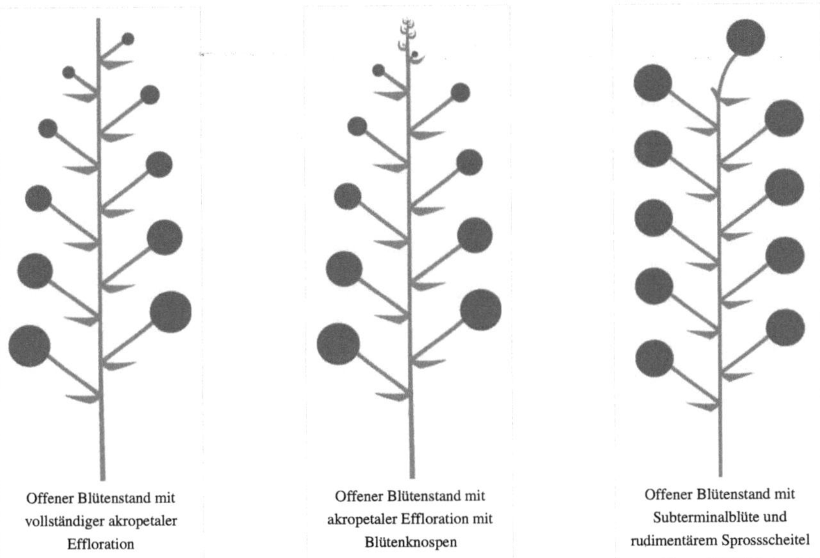

Ansatz der Verzweigungen

Zwar ist die Art der Verzweigung ein elementares Unterscheidungsmerkmal für die verschiedenen Blütenstände, der Ansatz der Nebenachse und ihres Tragblattes an der Blütenstandsachse hingegen sind für die Typisierung der Infloreszenz nicht von Belang. Die unterschiedlichen Ansatzmöglichkeiten richten sich nach der Stellung der Blätter.

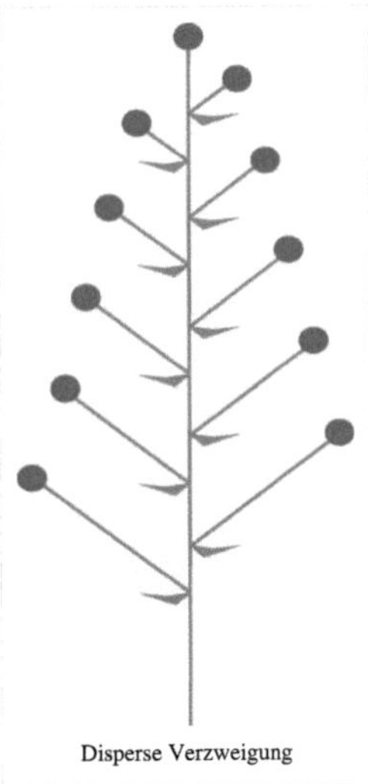

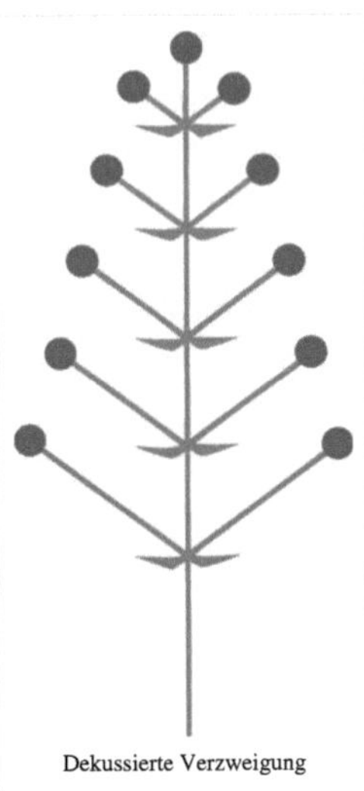

Metatopie

Die den Blütenstand oder eine Einzelblüte tragende Seitenachse steht stets in der Achsel eines Tragblattes. Es kann aber auch eine Metatopie (Verlagerung) auftreten, zwei Fälle sind möglich:

- Bei der Konkauleszenz ist die Seitenachse zum Teil mit ihrer Abstammungsachse verwachsen. Dies führt dazu, dass die Blüten hier wesentlich höher am Stängel sitzen als die zugehörigen Tragblätter.
- Bei der Rekauleszenz ist die Seitenachse teilweise mit dem Stiel des Tragblattes verwachsen. Die Blüten sind in Richtung Blatt verschoben.

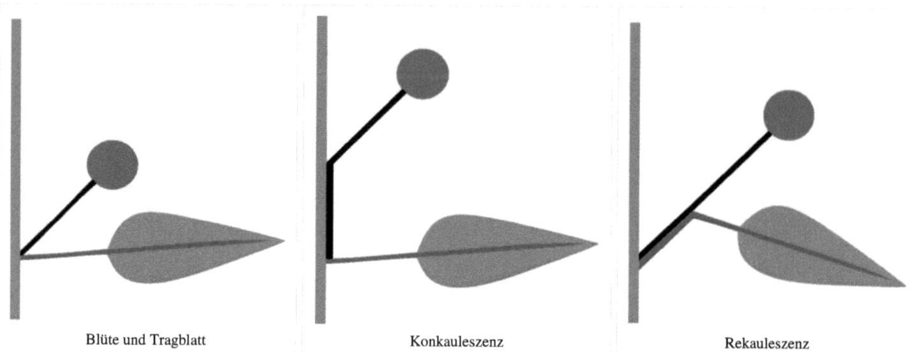

Blüte und Tragblatt — Konkauleszenz — Rekauleszenz

Klassische Einteilung

Bei der klassischen Typologie der Blütenstände dient zur Unterscheidung der Hauptgruppen die Verzweigungsart. Innerhalb dieser wird anhand der Verzweigung der Achsen und vor allem deren Modifikation der Typ bestimmt.

Einfache Blütenstände (Botryen)

Beim einfachen Blütenstand liegt als Verzweigungstyp ein Monopodium vor, also eine Hauptachse mit abzweigenden Nebenachsen ersten Grades (unverzweigt). Aus Tradition wird diese Verzweigungsart bei Blütenständen jedoch als razemös bezeichnet und nicht als monopodial. Der Grundtyp ist die Traube (Botrys), die anderen Blütenstände können alle durch Streckung, Stauchung, Verdickung oder Reduktion verschiedener Achsenteile aus ihr hergeleitet werden. Entsprechend häufig treten Übergangsformen auf, die zwischen den deutlich ausgebildeten Formen vermitteln. Infloreszenzen dieses Typs zählen zusammen mit den Rispentypen gemeinhin zu den namentlich bekanntesten.

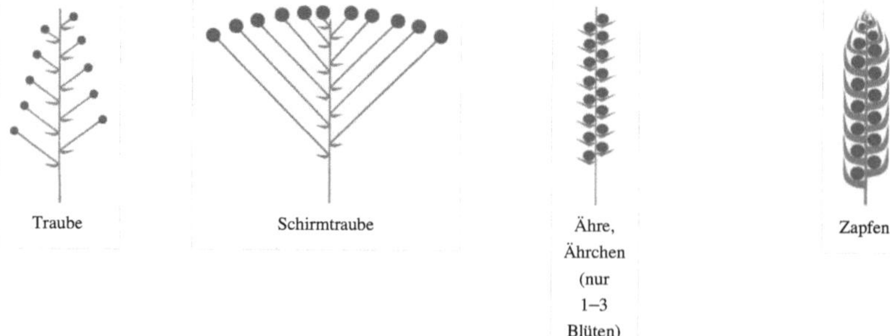

Traube — Schirmtraube — Ähre, Ährchen (nur 1–3 Blüten) — Zapfen

Kolben

Köpfchen

Korb

Dolde

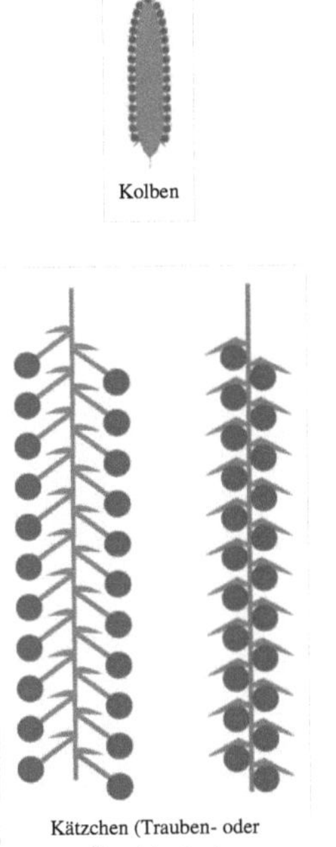

Kätzchen (Trauben- oder Ährenkätzchen)

Zusammengesetzte Blütenstände

Bei einem zusammengesetzten Blütenstand (komplexer Blütenstand) stellt ein einfacher Blütenstand die Basis dar. Dessen Blüten werden jedoch durch je einen Teilblütenstand (Partialinfloreszenz) ersetzt. Dieser kann razemös oder auch zymös verzweigt sein. Eben danach wird in zwei Gruppen unterteilt.

Razemöse Teilblütenstände

Doppelte Botryen

Ersetzt man die Blüte durch Teilblütenstände der gleichen Basisstruktur, so erhält man ein entsprechendes doppeltes Botryum (Dibotryum). So ist zum Beispiel eine Doppeltraube eine Traube, deren Blüten durch je eine Traube ersetzt wurden. Geschieht dies nur bei den seitlichen Blüten erhält man die homöothetische Form, bildet zusätzlich auch die Hauptachse noch eine Traube aus, erhält man die heterothetische Form. Die Blüten der Teilblütenstände können wiederum durch weitere Teilblütenstände ersetzt werden, es ergibt sich eine neue Verzweigungsebene. Dies geschieht aber stets nur mit der zu Grunde liegenden Struktur. Je nach Anzahl der Wiederholungen spricht man vom Dibotryum und Tribotryum, später nur noch allgemein vom Pleiobotryum.

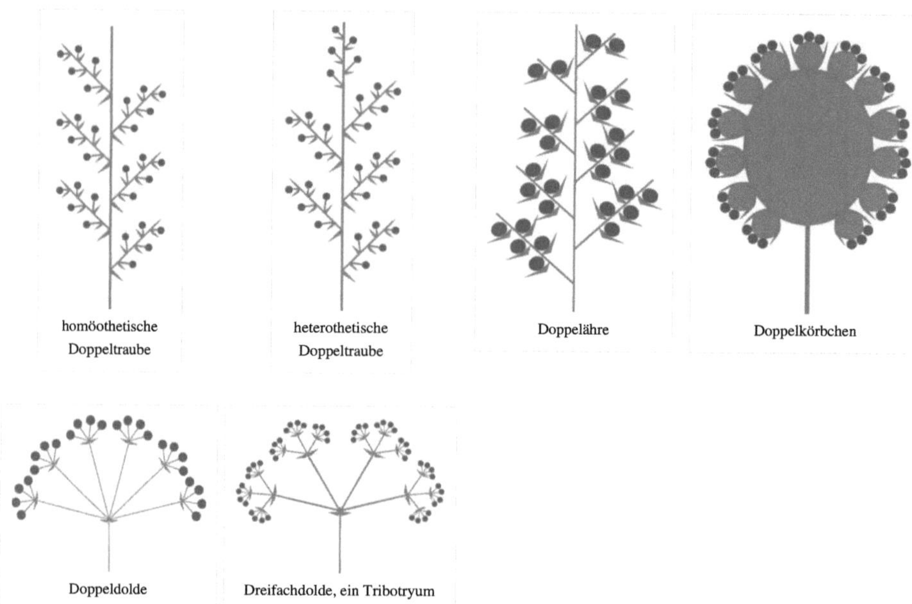

homöothetische Doppeltraube

heterothetische Doppeltraube

Doppelähre

Doppelkörbchen

Doppeldolde

Dreifachdolde, ein Tribotryum

Rispe und Verwandte

Bei der Rispe sind der gesamte Blütenstand und die Teilblütenstände immer mit einer Terminalblüte abgeschlossen. Die Teilblütenstände sind nach unten hin zunehmend stärker und unregelmäßig verzweigt. Die Seitenäste werden gemäß ihrer Blütenanzahl als Monaden (eine Blüte), Diaden (zwei Blüten) oder Triaden (drei Blüten) bezeichnet, sind sie wie eine eigenständige Rispe stark verzweigt spricht man von Spezialrispen. Insgesamt ergibt sich so eine kegelförmige Form. Durch eine entsprechende Streckung der Seitenäste weicht dieses Erscheinungsbild einer ebenen oder leicht gewölbten Form, der Schirmrispe, und bei stärkerer Überstreckung einem trichterförmigen Aussehen bei der Spirre. Verarmt eine Rispe an Verzweigungen, so sieht sie wie eine Traube aus, nur ein eventuell verbliebener verzweigter Seitenast und vor allem die immer vorhandene Terminalblüte machen sicher deutlich, dass es sich zweifelsfrei um eine Rispe handelt. Wegen der Ähnlichkeit zur Traube (Botryrs) spricht man hier vom Botryoid (Bei ährenartiger Form Stachyoid). Mit dem Verlust der Terminalblüte ist schließlich der Weg der Reduktion zur Traube vollständig beschritten.

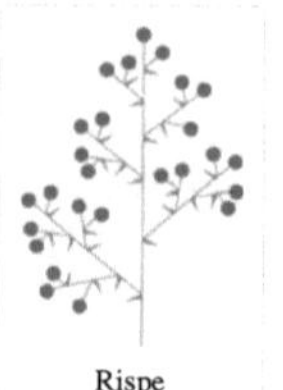

Rispe

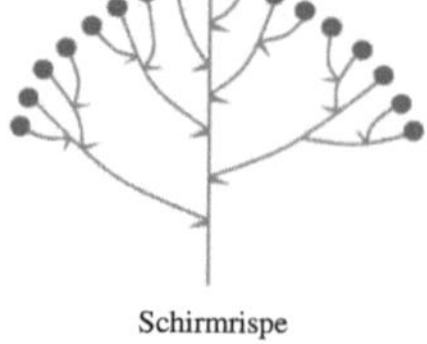

Schirmrispe

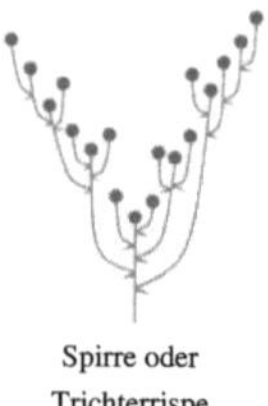

Spirre oder Trichterrispe

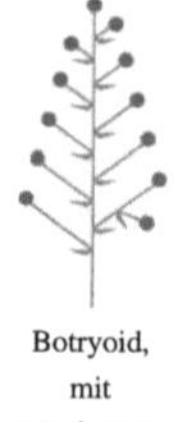

Botryoid, mit angedeuteter Verzweigung

Zymöse Teilblütenstände

Beim zymösen Teilblütenstand oder kurz Zyme liegt als Verzweigungstyp ein Sympodium vor. Die Hauptachse endet mit einer Blüte, die aus den Vorblättern abzweigenden Nebenachsen übergipfeln oft die Endblüte, verzweigen weiter und enden daraufhin ebenso mit einer Blüte. Je nach Anzahl und Art der Verzweigungen, die von einer Achse entspringen, werden die verschiedenen Partialinfloreszenzen unterschieden:

- Zwei Nebenachsen, dichasial:
  - Zwei transversale Vorblätter, zwei Seitenachsen: Dichasium
  - Zwei transversale Vorblätter, erste Verzweigung mit zwei Seitenachsen, dann nur mehr eine Seitenachse ausgebildet: Doppelwickel oder Doppelschraubel
- Eine Nebenachse, monochasial:
  - Zwei transversale Vorblätter, jedoch nur eine Seitenachse ausgebildet: Wickel oder Schraubel
  - Ein medianes Vorblatt, eine Seitenachse: Fächel oder Sichel

Die Typen mit zwei Vorblättern treten bei den Zweikeimblättrigen auf, selten bei Einkeimblättrigen, ein Vorblatt umgekehrt bei Einkeimblättrigen und selten bei Zweikeimblättrigen.

Da sich die Strukturen in der Seitenansicht nicht eindeutig voneinander unterscheiden lassen ist zusätzlich noch der schematische Aufbau von oben dargestellt.

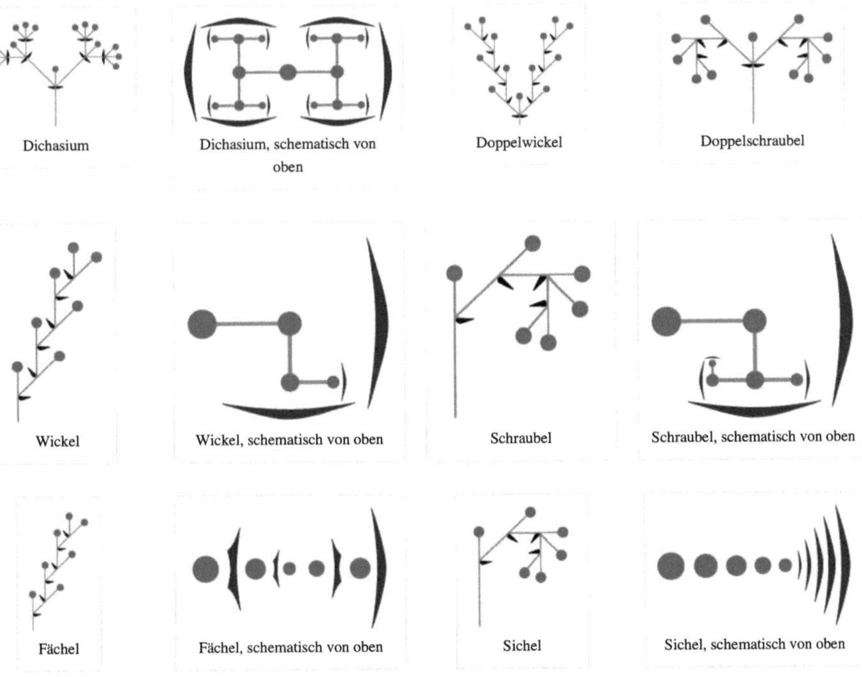

Thyrsus

Bilden mehrere Zymen an einer racemösen Hauptachse den Blütenstand so spricht man von einem Thyrsus. Die Hauptachse ist vom Typus her eine Traube, Ähre oder köpfchenartig gestaucht. Terminalblüten sind entweder vorhanden oder sie fehlen.

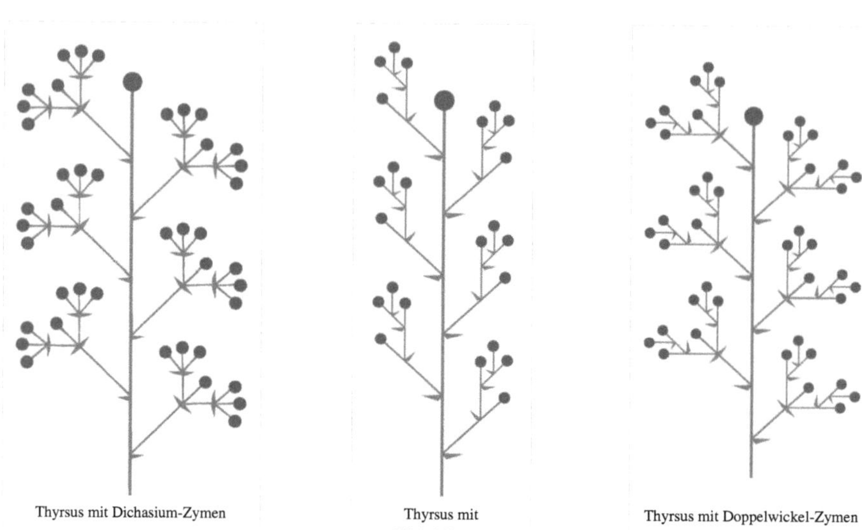

Thyrsus mit Dichasium-Zymen

Thyrsus mit Wickel-Zymen

Thyrsus mit Doppelwickel-Zymen

Werden die zymösen Teilblütenstände ihrerseits wieder durch Thyrsen, man spricht analog zu den Spezialrispen von Spezialthyrsen, ersetzt, so erhält man, wie bei den doppelten Botryen, Doppelthyrsen oder Pleiothyrsen. Analog wird hier in homöokladische oder heterokladische Form unterschieden, einfache Thyrsen sind stets homöokladisch.

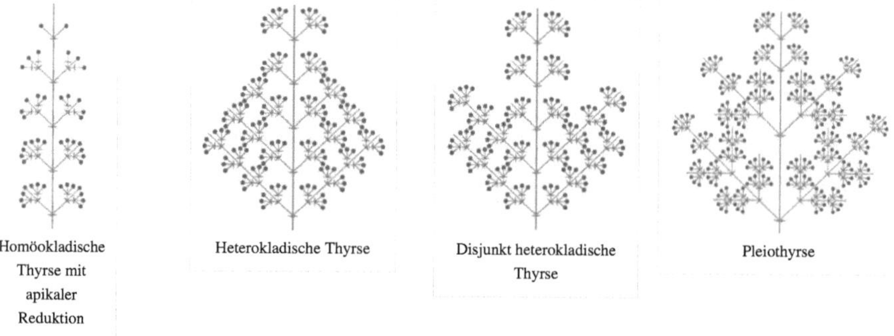

Homöokladische Thyrse mit apikaler Reduktion

Heterokladische Thyrse

Disjunkt heterokladische Thyrse

Pleiothyrse

Cymoid

Auch wenn die Teilblütenstände zymös verzweigt sind, ist die zu Grunde liegende Struktur immer razemös. Es gibt also keine zymösen Blütenstände. Durch passende Reduktion der Struktur kann der gesamte Blütenstand allerdings rein zymös erscheinen. Man spricht dann von einem Cymoid. Ausgehend von den geschlossenen Thyrsusformen werden bei diesen alle Zymen bis auf die terminal gelegenen nicht ausgebildet. Entsprechend der Anzahl der verbleibenden Zymen ergeben sich monochasiale, dichasiale oder pleoichasiale Cymoide. Durch akrotone Förderung wird die Verarmung an Zymen noch verstärkt. Werden beim Pleiochasium, das bereits einen doldenartigen Charakter zeigt, die Achsen, abgesehen von den Blütenstielen, komplett reduziert, ergibt sich eine Trugdolde, die nur noch durch die als erstes erblühende Terminalblüte als solche zu erkennen ist.

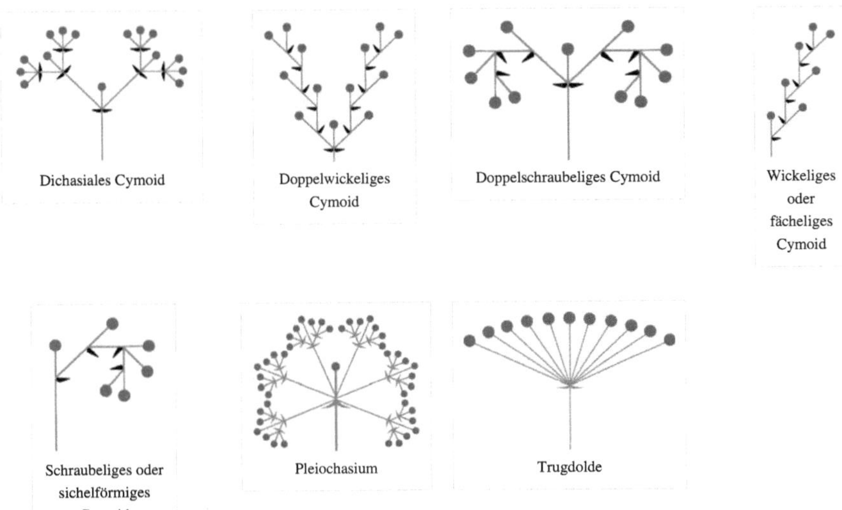

Dichasiales Cymoid — Doppelwickeliges Cymoid — Doppelschraubeliges Cymoid — Wickeliges oder fächeliges Cymoid

Schraubeliges oder sichelförmiges Cymoid — Pleiochasium — Trugdolde

Kuriositäten

- *Puya raimondii* (Bromeliengewächse): höchste Infloreszenz der Welt.
- Titanenwurz (Aronstabgewächse): Infloreszenz ist die größte Blume der Welt.
- Gattung *Corypha* (Palmengewächse): größte Infloreszenz der Welt mit geschätzten 10 Millionen Blüten.
- Cephalien (von griechisch Kopf) sind auffällige Blütenstandszonen, die von einigen Kakteengewächsen gebildet werden.

Literatur

- Wilhelm Troll: *Die Infloreszenzen; Erster Band.* Gustav Fischer Verlag, Stuttgart 1964
- Focko Weberling: *Morphologie der Blüten und der Blütenstände.* Verlag Eugen Ulmer, Stuttgart 1981
- Wilhelm Troll: *Die Infloreszenzen; Zweiter Band, Erster Teil.* Gustav Fischer Verlag, Stuttgart 1969
- Wilhelm Troll: *Praktische Einführung in die Pflanzenmorphologie.* Gustav Fischer Verlag, Jena 1957
- Bernhard Kausmann: *Pflanzenanatomie.* Gustav Fischer Verlag, Jena 1963
- Peter Leins & Claudia Erbar: *Blüte und Frucht.* Schweizerbartsche Verlagsbuchhandlung, 2008

Weblinks

- Blütenstand-Bilder aus dem Bildarchiv der Universität Basel [1]

References

[1] http://131.152.161.2/FMPro?-DB=b.fp5&-Lay=L&-error=B%2Fbfehler.htm&-op=bw&alles=&-op=bw&fam=&-op=bw&gattart=&-op=bw&legende=&-op=bw&herkunft=&-max=6&-format=b%2Fbliste1.htm&-LOP=AND&-Find=Suchen&katmorph=Infloreszenz

Article Sources and Contributors

Araujia *Source*: http://de.wikipedia.org/w/index.php?title=Araujia *Contributors*: Engeser, Mike Krüger, Muscari, Nothere, RLJ, RonMeier, Tococa

Gattung_(Biologie) *Source*: http://de.wikipedia.org/w/index.php?title=Gattung_%28Biologie%29 *Contributors*: Accipiter, Acf, Ben-Zin, Björn Bornhöft, Branka France, Carol.Christiansen, Conny, Conversion script, Cymothoa exigua, Der.Traeumer, Diba, Doc Taxon, Eog1916, ErikDunsing, Eynre, Fristu, GerardM, Gerbil, Gilliamjf, Glenn, Gommersdorf, Griensteidl, HGÜ DD 2011, Hanno Sandvik, Hans-Peter Scholz, Hoo man, Hozro, Hubertl, IWorld, Inkowik, JFKCom, Jaques, Kam Solusar, Karl-Henner, KnightMove, Kulac, Martin Aggel, Martin-vogel, Meteor2017, Michael Mauch, Mondamo, Morten Haan, Müdigkeit, O.Koslowski, OecherAlemanne, Olaf Studt, Ot, PDD, Pawla, Peterwilhelm, Philipp Wetzlar, Pittimann, Schewek, Sinn, Snotty, Spuk968, Succu, Sven Zoerner, T.M.L.-KuTV, Terrill, Tinz, TomCatX, Tsor, Turmfalke69, Umweltschützen, Vic Fontaine, Vigilius, W!B:, WWSS1, Wofl, YourEyesOnly, 70 anonymous edits

Familie_(Biologie) *Source*: http://de.wikipedia.org/w/index.php?title=Familie_%28Biologie%29 *Contributors*: A.Savin, ABF, AN, Aka, Alex12, Alexander Z., Armin P., Avoided, B.gliwa, Baird's Tapir, Baldhur, Ben-Zin, Brackenheim, Branka France, Buchling, Bücherhexe, Carstor, ChristianErtl, Church of emacs, Co-flens, Cologinux, Conny, Conversion script, Dansker, Denis Barthel, Dha, Doc Taxon, Don Quichote, Engie, Ennowang, ErikDunsing, Friedrichheinz, Fristu, Fujnky, Gerbil, Gerhard Elsner, Gleiberg, Glenn, Hanno Sandvik, Hans J. Castorp, Head, Hydro, Inkowik, JFKCom, Jivee Blau, Klausmach, KnightMove, Kristjan, LGMuenchen, Littl, Liuthalas, Livajo, Makngghk, Martin-vogel, Mathias Schindler, Meteor2017, Numbo3, Nuno Tavares, Pentachlorphenol, Peterwilhelm, Phil41, Porsche 997 Carrera, Ra'ike, Ralf Weigel, Rax, Roo1812, Rprick, Rumpenisse, S.v.Mering, Scooter, Seewolf, Suit, Tönjes, Vigilius, Wofl, 63 anonymous edits

Seidenpflanzengewächse *Source*: http://de.wikipedia.org/w/index.php?title=Seidenpflanzengew%C3%A4chse *Contributors*: Aka, Amrum, Denis Barthel, Engeser, Franz Xaver, Griensteidl, Grüner Flip, Haplochromis, Hhdw, Hydro, JFKCom, Jafeluv, Jazzoonist, Jonathan Hornung, MAY, Michael w, Muck, Muscari, Orchi, Saehrimnir, Succu, Supermartl, T34, Tlustulimu, Vitellaria, Überraschungsbilder, 13 anonymous edits

Art_(Biologie) *Source*: http://de.wikipedia.org/w/index.php?title=Art_%28Biologie%29 *Contributors*: 24karamea, APPER, Aglarech, Ahoerstemeier, Aka, Alien4, Amurtiger, Androl, Armin P., BannSaenger, Bdk, Ben-Zin, Berni53, Björn Bornhöft, Blah, Boonekamp, Bradypus, Cairimba, Canis85, Carstor, Chatter, ChristophDemmer, CommonsDelinker, Conversion script, Cymothoa exigua, Danimilkasahne, David Ludwig, Denis Barthel, Der ohne Benutzername, Der.Traeumer, DerHexer, Diba, Dontworry, Dr. Angelika Rosenberger, Elevbe, Ephraim33, Ericsteinert, Etagenklo, Eynre, Fab, Factumquintus, Fetter Ekelbert, Fit, FranciscoWelterSchultes, Fristu, G.Hagedorn, Gamma, Gebintit, Gerbil, Gleiberg, Glenn, Gohnarch, Graciliraptor, Griensteidl, Grindinger, Grüner Flip, HBarchet, Hans J. Castorp, Hati, Help-up, Irmgard, Itu, JKS, Jacerel, JakobVoss, Jgtgnhjtrer, Jivee Blau, Johnny Controletti, Jonathan Hornung, Joni2, Jpp, Jörg Knappen, KaHe, Karl-Henner, Keimzelle, Kku, KnightMove, Kursch, Liuthalas, Louis Bafrance, Löschfix, M.Bettels, M.L, MD, MFM, Magnus, Mamue, Marcusbunk, Margaux, Meloe, Michaki, Mikullovci11, Nikkis, Nrein, Obersachse, Olei, Perrak, Peter200, Peterlustig, Peterwilhelm, PhJ, Philipendula, Pill, Pinguin.tk, Pittimann, Plattmaster, Porsche 997 Carrera, Qniemiec, Ra'ike, Regi51, Rene Ressler, Revolus, RitaC, Roo1812, RoswithaC, Roterraecher, Rprick, S.K., Sabine0111, Sambalolec, Sansculotte, Schewek, Schniggendiller, Seegraswiese, Seewolf, Sideboard, Sigloch-Junior, Sinn, Sir, SonniWP2, Spuk968, StYxXx, Steevie, Stefan64, Succu, Suisui, Sven Zoerner, THWZ, Tambora, Theghaz, Tilla, TomCatX, TomK32, Toter Alter Mann, Triebtäter, Túrelio, Ulrich.fuchs, Victor Eremita, WAH, Westiandi, Wissen, WissensDürster, Wnme, Wolfgang1018, Wquester, Wst, XJamRastafire, XRay, YMS, Zaibatsu, Zapyon, Zivilverteidigung, Zwangsumbenennung816, , 163 anonymous edits

Halbstrauch *Source*: http://de.wikipedia.org/w/index.php?title=Halbstrauch *Contributors*: Blumenfischer, Conny, Dietzel, Ixitixel, Kuifje, Muscari, SeSchu, Thomas S., 10 anonymous edits

Sprossachse *Source*: http://de.wikipedia.org/w/index.php?title=Sprossachse *Contributors*: AFBorchert, Aka, Aktionsheld, Aragorn05, Avoided, Ayacop, BJ Axel, Buteo, Bürger-falk, Conny, Dancer59, Don Magnifico, DrLee, Drahreg01, Dullnraamer, Engie, Ephraim33, Erschaffung, Eule, FMoeckel, Fice, Franz Xaver, Griensteidl, Hans Dunkelberg, Hedwig Storch, HenrikHolke, Hermannthomas, Howwi, Hydro, Hystrix, IKAI, Ies, Inkowik, Ireas, JFKCom, Jamfx, Jivee Blau, Jonna, Knoerz, Knopfkind, Krawi, Kubieziel, Liberaler Humanist, Liuthalas, Llonniznarf, MarkusHagenlocher, Matthias M., Mnh, MsChaos, Nagy+, Neuplatoniker, Nichtsichter, Nicolas17, Nockel12, Numbo3, Olaf Studt, Onkelkoeln, Peter200, PhJ, Pittimann, RalfDA, Regi51, Robert Weemeyer, S.lukas, Saethwr, Saperaud, Schlesinger, Schwammerl-Bob, Singsangsung, Splayn, Stützel, Supermartl, Svens Welt, Svobsi, Timk70, Tollsau, Tolot27, Tönjes, Ulz, Umehlig, Umweltschützen, Verplant, W!B:, W.alter, Wef, Wikijunkie, Wissen, 125 anonymous edits

Blatt_(Pflanze) *Source*: http://de.wikipedia.org/w/index.php?title=Blatt_%28Pflanze%29 *Contributors*: Achim Raschka, Aglarech, Ahoerstemeier, Aka, Alfred Nobel, Algirdas, Aragorn05, Augiasstallputzer, Avjoska, Avoided, Ayacop, BLueFiSH.as, BS Thurner Hof, Bgqhrsnog, Blah, Blaufisch, Brunch, BrunoBoehmler, CSp1980, Capaci34, Carstor, Chb, Chepry, Cholo Aleman, Chriki, ChrisHamburg, Christopher, Church of emacs, Cihanoecal, Complex, Conny, Cottbus, Denis Barthel, Density, Der.Traeumer, DerHexer, Diba, Dietzel, Don Magnifico, Drahkrub, Duvenstaat-Richard, Exil, Factumquintus, Fice, Flaovia, Flo 1, Fornax, Franz Xaver, Fredo 93, FritzG, Gardini, Geist, der stets verneint, Gerhard Elsner, Giftmischer, Glenn, Greifensee, Griensteidl, Gudrun Meyer, Gustavf, Hardcoreraveman, Hardenacke, Haruspex, Henning Ihmels, Herbertweidner, Howwi, HuckFinn, Hydro, Hystrix, Ies, Ilkay, IrmaBackhaus, JHeuser, JXN, Januscript, Je-str, Jeff Hardy9720, Jonas kl, Jonna, Karl-Henner, Kersti Nebelsiek, Kickof, Kiker99, Kku, Knueller, Kookaburra sits in the old gum tree, Korinth, LKD, Lambada, Lars Dragl, Leithian, Llonniznarf, Löschfix, Magnummandel, Magnus Manske, Martin Bahmann, Martin-vogel, Matt97Hardy, Mautpreller, Mbc, Mnolf, Morpheus2309, My name, Neitram, Nepenthes, Nepomucki, Neu1, Nf01, Nicolas G., Ninety Mile Beach, Numbo3, O.Koslowski, Oberfoerster, Olaf Studt, Olei, Paunaro, Peter200, PhJ, Phil41, Phrood, Pirschi1990, Polarlys, Popie, Regi51, Reinhard Kraasch, Ri st, Rico MD, RobKohl, Rüdiger, S.Didam, STBR, Saperaud, Schniggendiller, Schulzenator, SecretDisc, Seewolf, Septembermorgen, Sicherlich, Sigune, Sinn, Southpark, StephanGrein, StromBer, Supermartl, Thorbjoern, Tlustulimu, Tobias1983, TomCatX, Torben Schröder, Tönjes, Ulioceras, Ulm, Uwe Gille, W!B:, WAH, Wagner-ma, Wicket, Wildfeuer, Wolfgang1018, YourEyesOnly, Zapyon, Zirpe, 228 anonymous edits

Trichom *Source*: http://de.wikipedia.org/w/index.php?title=Trichom *Contributors*: Aka, Ayacop, Boronian, Buteo, Ca2dy, Carbenium, D-Kuru, Daaavid, Elke Philburn, HaSee, Hareinhardt, Hl1948, IKAI, Ies, JWBE, Kersti Nebelsiek, Klingon83, Kulac, Liuthalas, Magnus Manske, Migas, Slicky, Sprachpfleger, Thomas S., Umehlig, 12 anonymous edits

Rhachis *Source*: http://de.wikipedia.org/w/index.php?title=Rhachis *Contributors*: Achim Raschka, AxelHH, Density, Jakob Mitzlaff, Wikiroe

Blütenstand *Source*: http://de.wikipedia.org/w/index.php?title=Bl%C3%BCtenstand *Contributors*: A.Savin, APPER, Aglarech, Amada44, Baumfreund-FFM, Bdk, Blaufisch, Euphoriceyes, Fishflap, Griensteidl, Heinte, Hydro, Ies, Jagaloisl, Joey-das-WBF, Kersti Nebelsiek, Kku, Kzhr, Llonniznarf, Magnus Manske, Mike Krüger, Noebse, Nothere, Omi´s Törtchen, OsGr, Pittimann, RobertLechner, Roo1812, Spuk968, Supermartl, Svenja85, Sypholux, Thorbjoern, Tlustulimu, WOBE3333, Wildfeuer, Wolfgang1018, WolfgangRieger, Århus, 35 anonymous edits

Image Sources, Licenses and Contributors

Datei:Araujia sericifera 1.JPG *Source*: http://de.wikipedia.org/w/index.php?title=Datei:Araujia_sericifera_1.JPG *License*: unknown *Contributors*: User:Cillas

Datei:Araujia sericifera 3.JPG *Source*: http://de.wikipedia.org/w/index.php?title=Datei:Araujia_sericifera_3.JPG *License*: unknown *Contributors*: User:Cillas

Datei:Araujia sericifera 2.jpg *Source*: http://de.wikipedia.org/w/index.php?title=Datei:Araujia_sericifera_2.jpg *License*: unknown *Contributors*: User:Cillas

Datei:Araujiasericifera.jpg *Source*: http://de.wikipedia.org/w/index.php?title=Datei:Araujiasericifera.jpg *License*: unknown *Contributors*: Steve Hurst

Datei:Biological classification de.svg *Source*: http://de.wikipedia.org/w/index.php?title=Datei:Biological_classification_de.svg *License*: unknown *Contributors*: User:Pengo, User:TomCatX

Datei:Asclepias curassavica13.jpg *Source*: http://de.wikipedia.org/w/index.php?title=Datei:Asclepias_curassavica13.jpg *License*: unknown *Contributors*: Didactohedron, Quadell

Datei:Starr 041014-0034 Calotropis gigantea.jpg *Source*: http://de.wikipedia.org/w/index.php?title=Datei:Starr_041014-0034_Calotropis_gigantea.jpg *License*: unknown *Contributors*: Forest & Kim Starr

Datei:Gomphrocarpus-fruticosus-flowers.jpg *Source*: http://de.wikipedia.org/w/index.php?title=Datei:Gomphrocarpus-fruticosus-flowers.jpg *License*: unknown *Contributors*: User:Sten

Datei:Sarcostemma cynanchoides 2004-05-24.jpg *Source*: http://de.wikipedia.org/w/index.php?title=Datei:Sarcostemma_cynanchoides_2004-05-24.jpg *License*: unknown *Contributors*: Copyright by Curtis Clark, licensed as noted

Datei:Larryleachia sp.jpg *Source*: http://de.wikipedia.org/w/index.php?title=Datei:Larryleachia_sp.jpg *License*: unknown *Contributors*: Original uploader was Mvthiel at nl.wikipedia

Datei:Ceropegia racemosa MS 2397.JPG *Source*: http://de.wikipedia.org/w/index.php?title=Datei:Ceropegia_racemosa_MS_2397.JPG *License*: unknown *Contributors*: Marco Schmidt

Datei:Ceropegia sandersonii1.jpg *Source*: http://de.wikipedia.org/w/index.php?title=Datei:Ceropegia_sandersonii1.jpg *License*: unknown *Contributors*: Eugene van der Pijll, Quadell

Datei:Oxystelma bornouense MS4282.JPG *Source*: http://de.wikipedia.org/w/index.php?title=Datei:Oxystelma_bornouense_MS4282.JPG *License*: unknown *Contributors*: Marco Schmidt

Datei:Microloma calycinum PICT2490 .JPG *Source*: http://de.wikipedia.org/w/index.php?title=Datei:Microloma_calycinum_PICT2490_.JPG *License*: unknown *Contributors*: User:Amrum

Datei:Hoya pubicalyx1AthenesEyes.jpg *Source*: http://de.wikipedia.org/w/index.php?title=Datei:Hoya_pubicalyx1AthenesEyes.jpg *License*: unknown *Contributors*: Athene Rafie from Penang, Malaysia

Datei:Sundial House (Schönbrunn) Fockea capensis 20080216 a.jpg *Source*: http://de.wikipedia.org/w/index.php?title=Datei:Sundial_House_(Schönbrunn)_Fockea_capensis_20080216_a.jpg *License*: unknown *Contributors*: User:W.

Datei:Dischidia rafflesiana vMH165.png *Source*: http://de.wikipedia.org/w/index.php?title=Datei:Dischidia_rafflesiana_vMH165.png *License*: unknown *Contributors*: Ayacop, Eugene van der Pijll, Kilom691, Lokal Profil, Quadell, WayneRay

Datei:Dregea sinensis1UME.jpg *Source*: http://de.wikipedia.org/w/index.php?title=Datei:Dregea_sinensis1UME.jpg *License*: unknown *Contributors*: User:Epibase

Datei:Stephanotis floribunda1scott.zona.jpg *Source*: http://de.wikipedia.org/w/index.php?title=Datei:Stephanotis_floribunda1scott.zona.jpg *License*: unknown *Contributors*: Scott from USA

Datei:Starr 060721-8421 Telosma cordata.jpg *Source*: http://de.wikipedia.org/w/index.php?title=Datei:Starr_060721-8421_Telosma_cordata.jpg *License*: unknown *Contributors*: Forest & Kim Starr

Datei:Anomalluma dodsoniana with fly.JPG *Source*: http://de.wikipedia.org/w/index.php?title=Datei:Anomalluma_dodsoniana_with_fly.JPG *License*: unknown *Contributors*: User:Kauderwelsch

Datei:Brachystelma caffrum PICT2000.JPG *Source*: http://de.wikipedia.org/w/index.php?title=Datei:Brachystelma_caffrum_PICT2000.JPG *License*: unknown *Contributors*: User:Amrum

Datei:Caralluma acutangula Bild0685.jpg *Source*: http://de.wikipedia.org/w/index.php?title=Datei:Caralluma_acutangula_Bild0685.jpg *License*: unknown *Contributors*: Marco Schmidt

Datei:Duvalia corderoyi.jpg *Source*: http://de.wikipedia.org/w/index.php?title=Datei:Duvalia_corderoyi.jpg *License*: unknown *Contributors*: Michael Wolf

Datei:Hoodia_gordonii_P1010383.JPG *Source*: http://de.wikipedia.org/w/index.php?title=Datei:Hoodia_gordonii_P1010383.JPG *License*: unknown *Contributors*: User:Amrum

Datei:Huernia_asperia.JPG *Source*: http://de.wikipedia.org/w/index.php?title=Datei:Huernia_asperia.JPG *License*: unknown *Contributors*: User:Amrum

Datei:Huernia_striata1.JPG *Source*: http://de.wikipedia.org/w/index.php?title=Datei:Huernia_striata1.JPG *License*: unknown *Contributors*: User:Amrum

Datei:Orbea variegata.jpg *Source*: http://de.wikipedia.org/w/index.php?title=Datei:Orbea_variegata.jpg *License*: unknown *Contributors*: Original uploader was Michael w at de.wikipedia

Datei:Piaranthus gem glob.jpg *Source*: http://de.wikipedia.org/w/index.php?title=Datei:Piaranthus_gem_glob.jpg *License*: unknown *Contributors*: Michael Wolf

Datei:Aasblume Aug 2005.jpg *Source*: http://de.wikipedia.org/w/index.php?title=Datei:Aasblume_Aug_2005.jpg *License*: unknown *Contributors*: Michael Joachim Lucke (= user Gilbert8888)

Datei:Lion waiting in Namibia.jpg *Source*: http://de.wikipedia.org/w/index.php?title=Datei:Lion_waiting_in_Namibia.jpg *License*: unknown *Contributors*: yaaaay

Datei:Panthera tigris tigris.jpg *Source*: http://de.wikipedia.org/w/index.php?title=Datei:Panthera_tigris_tigris.jpg *License*: unknown *Contributors*: User:Zwoenitzer

Datei:Tigon4.jpg *Source*: http://de.wikipedia.org/w/index.php?title=Datei:Tigon4.jpg *License*: unknown *Contributors*: User:The bellman

Datei:PhalaenopsisOphrysPaphiopedilumMaxillaria.jpg *Source*: http://de.wikipedia.org/w/index.php?title=Datei:PhalaenopsisOphrysPaphiopedilumMaxillaria.jpg *License*: unknown *Contributors*: Orchi, Pixeltoo, Schwalbe

Datei:Tectorum2.jpg *Source*: http://de.wikipedia.org/w/index.php?title=Datei:Tectorum2.jpg *License*: unknown *Contributors*: ChristianBier, Nup

Datei:Mammillariaparkinsonii.jpg *Source*: http://de.wikipedia.org/w/index.php?title=Datei:Mammillariaparkinsonii.jpg *License*: unknown *Contributors*: User:Stickpen

Datei:Kanarischer Drachenbaum in Icod de los Vinos.jpg *Source*: http://de.wikipedia.org/w/index.php?title=Datei:Kanarischer_Drachenbaum_in_Icod_de_los_Vinos.jpg *License*: unknown *Contributors*: Steffen Mokosch Original uploader was Steffen M. at de.wikipedia

Datei:Pink Panda 10 ies.jpg *Source*: http://de.wikipedia.org/w/index.php?title=Datei:Pink_Panda_10_ies.jpg *License*: unknown *Contributors*: Frank Vincentz

Datei:Gingembre.jpg *Source*: http://de.wikipedia.org/w/index.php?title=Datei:Gingembre.jpg *License*: unknown *Contributors*: Conrad.Irwin, Ies, Loveless

Datei:Potato sprouts.jpg *Source*: http://de.wikipedia.org/w/index.php?title=Datei:Potato_sprouts.jpg *License*: unknown *Contributors*: Bdk, EugeneZelenko, FlickreviewR, KeepOpera, MPF, Mineralsab, Nikola Smolenski, Quadell, 1 anonymous edits

Datei:Daikon.jpg *Source*: http://de.wikipedia.org/w/index.php?title=Datei:Daikon.jpg *License*: unknown *Contributors*: Kinori

Datei:Bgbo kakteen ies.jpg *Source*: http://de.wikipedia.org/w/index.php?title=Datei:Bgbo_kakteen_ies.jpg *License*: unknown *Contributors*: Frank Vincentz

Datei:Ruscus aculeatus0.jpg *Source*: http://de.wikipedia.org/w/index.php?title=Datei:Ruscus_aculeatus0.jpg *License*: unknown *Contributors*:

Datei:Passiflora suberosa20.jpg *Source*: http://de.wikipedia.org/w/index.php?title=Datei:Passiflora_suberosa20.jpg *License*: unknown *Contributors*: ArjanH, Hans B., 1 anonymous edits

Datei:Decaria madagascariensis 03 ies.jpg *Source*: http://de.wikipedia.org/w/index.php?title=Datei:Decaria_madagascariensis_03_ies.jpg *License*: unknown *Contributors*: Frank Vincentz

Datei:Eenstijlige meidoorn (Crataegus monogyna branch).jpg *Source*: http://de.wikipedia.org/w/index.php?title=Datei:Eenstijlige_meidoorn_(Crataegus_monogyna_branch).jpg *License*: unknown *Contributors*: MPF, Quadell, Rasbak, Sir Antoni, The Man in Question

Datei:Cuscuta pentagona stems 2003-06-02.jpg *Source*: http://de.wikipedia.org/w/index.php?title=Datei:Cuscuta_pentagona_stems_2003-06-02.jpg *License*: unknown *Contributors*: Curtis Clark, Ies, MPF

Datei:Dugla15a.jpg *Source*: http://de.wikipedia.org/w/index.php?title=Datei:Dugla15a.jpg *License*: unknown *Contributors*: User:Anton

Datei:Lisc lipy.jpg *Source*: http://de.wikipedia.org/w/index.php?title=Datei:Lisc_lipy.jpg *License*: unknown *Contributors*: Krzysztof P. Jasiutowicz

Datei:Blattquerschnitt.jpg *Source*: http://de.wikipedia.org/w/index.php?title=Datei:Blattquerschnitt.jpg *License*: unknown *Contributors*: User:V44020001

Datei:Laubblatt-Aufbau.svg *Source*: http://de.wikipedia.org/w/index.php?title=Datei:Laubblatt-Aufbau.svg *License*: unknown *Contributors*: Phrood, Rocket000, Szczepan1990, Tlustulimu, 2 anonymous edits

Datei:Leaf epidermis 2.jpg *Source*: http://de.wikipedia.org/w/index.php?title=Datei:Leaf_epidermis_2.jpg *License*: unknown *Contributors*: User:Mnolf

Datei:Blatt Unterteilung Querschnitt.png *Source*: http://de.wikipedia.org/w/index.php?title=Datei:Blatt_Unterteilung_Querschnitt.png *License*: unknown *Contributors*: User:Griensteidl

Datei:Blatt Gliederung.png *Source*: http://de.wikipedia.org/w/index.php?title=Datei:Blatt_Gliederung.png *License*: unknown *Contributors*: User:Griensteidl

Datei:Geum_urbanum_bgiu.jpg *Source*: http://de.wikipedia.org/w/index.php?title=Datei:Geum_urbanum_bgiu.jpg *License*: unknown *Contributors*: Alno, Bogdan, Guérin Nicolas, Ies

Datei:Leaf Morphology.png *Source*: http://de.wikipedia.org/w/index.php?title=Datei:Leaf_Morphology.png *License*: unknown *Contributors*: User:Griensteidl

Datei:Lapo gyslos.jpeg *Source*: http://de.wikipedia.org/w/index.php?title=Datei:Lapo_gyslos.jpeg *License*: unknown *Contributors*: Ies, MPF, Maksim, Zscout370

Datei:Folla Roseira 004eue.jpg *Source*: http://de.wikipedia.org/w/index.php?title=Datei:Folla_Roseira_004eue.jpg *License*: unknown *Contributors*: User:Lmbuga

Datei:Kasztanowieclisc.JPG *Source*: http://de.wikipedia.org/w/index.php?title=Datei:Kasztanowieclisc.JPG *License*: unknown *Contributors*: Butko, MPF, Reytan

Datei:Helleborus niger Leaf.jpg *Source*: http://de.wikipedia.org/w/index.php?title=Datei:Helleborus_niger_Leaf.jpg *License*: unknown *Contributors*: Griensteidl, Quadell

Datei:Gingko fossile-jurassique 0.png *Source*: http://de.wikipedia.org/w/index.php?title=Datei:Gingko_fossile-jurassique_0.png *License*: unknown *Contributors*: Conscious, Glenn, Kevmin, MPF, Pixeltoo, Samulili, Saperaud, WayneRay

Datei:Leaf Development.png *Source*: http://de.wikipedia.org/w/index.php?title=Datei:Leaf_Development.png *License*: unknown *Contributors*: User:Griensteidl

Datei:Kirschblatt web.jpg *Source*: http://de.wikipedia.org/w/index.php?title=Datei:Kirschblatt_web.jpg *License*: unknown *Contributors*: Amada44, G.dallorto, Ies, Luigi Chiesa, Maksim

Datei:Chlorophyll spectrum.png *Source*: http://de.wikipedia.org/w/index.php?title=Datei:Chlorophyll_spectrum.png *License*: unknown *Contributors*: aegon

Datei:Cabernet$$.JPG *Source*: http://de.wikipedia.org/w/index.php?title=Datei:Cabernet$$.JPG *License*: unknown *Contributors*: StromBer 11:30, 2. Nov. 2007 (CET). Original uploader was StromBer at de.wikipedia

Datei:Keimblaetter.jpg *Source*: http://de.wikipedia.org/w/index.php?title=Datei:Keimblaetter.jpg *License*: unknown *Contributors*: Ies, Martin Bahmann

Datei:Galium.jpg *Source*: http://de.wikipedia.org/w/index.php?title=Datei:Galium.jpg *License*: unknown *Contributors*: Original uploader was Martin Bahmann at de.wikipedia

Datei:Xerophyten - Blattanatomie.png *Source*: http://de.wikipedia.org/w/index.php?title=Datei:Xerophyten_-_Blattanatomie.png *License*: unknown *Contributors*: User:Bgqhrsnog

Datei:Hygrophyten - Blattanatomie.png *Source*: http://de.wikipedia.org/w/index.php?title=Datei:Hygrophyten_-_Blattanatomie.png *License*: unknown *Contributors*: User:Bgqhrsnog

Datei:Fichtennadel.jpg *Source*: http://de.wikipedia.org/w/index.php?title=Datei:Fichtennadel.jpg *License*: unknown *Contributors*: Karen Johnson

Datei:Nadelblatt - Blattanatomie.png *Source*: http://de.wikipedia.org/w/index.php?title=Datei:Nadelblatt_-_Blattanatomie.png *License*: unknown *Contributors*: Deadstar, Phrood

Datei:Berberis vulgaris Zweig.jpg *Source*: http://de.wikipedia.org/w/index.php?title=Datei:Berberis_vulgaris_Zweig.jpg *License*: unknown *Contributors*: Ayacop, Griensteidl, Orchi, Quadell

Datei:Sempervivum tectorum0.jpg *Source*: http://de.wikipedia.org/w/index.php?title=Datei:Sempervivum_tectorum0.jpg *License*: unknown *Contributors*: Ayacop, Saperaud

Datei:Onion.jpg *Source*: http://de.wikipedia.org/w/index.php?title=Datei:Onion.jpg *License*: unknown *Contributors*: Donovan Govan.

Datei:Acacia confusa-01.jpg *Source*: http://de.wikipedia.org/w/index.php?title=Datei:Acacia_confusa-01.jpg *License*: unknown *Contributors*: Franz Xaver, Jollyroger, Maksim, Orchi, Quadell

Datei:Nepenthes sibuyanensis.jpg *Source*: http://de.wikipedia.org/w/index.php?title=Datei:Nepenthes_sibuyanensis.jpg *License*: unknown *Contributors*: ComputerHotline, Denis Barthel, Red devil 666

Datei:Paardekastanje bladmineerder closeup.jpg *Source*: http://de.wikipedia.org/w/index.php?title=Datei:Paardekastanje_bladmineerder_closeup.jpg *License*: unknown *Contributors*: Beentree, Maksim

Datei:Arabidopsis-epiderm-and-trichome-2.jpg *Source*: http://de.wikipedia.org/w/index.php?title=Datei:Arabidopsis-epiderm-and-trichome-2.jpg *License*: unknown *Contributors*: User:Emmanuel.boutet

Datei:Drosera rotundifolia leaf1.jpg *Source*: http://de.wikipedia.org/w/index.php?title=Datei:Drosera_rotundifolia_leaf1.jpg *License*: unknown *Contributors*: User:Petr Dlouhý

Datei:Anchusa azurea tallo.jpg *Source*: http://de.wikipedia.org/w/index.php?title=Datei:Anchusa_azurea_tallo.jpg *License*: unknown *Contributors*: Alberto Salguero, Ies, Jarekt, Nilfanion

Bild:Brakteose beblätterung (inflorescence).svg *Source*: http://de.wikipedia.org/w/index.php?title=Datei:Brakteose_beblätterung_(inflorescence).svg *License*: unknown *Contributors*: User:Amada44

Bild:Brakteose beblätterung 2 (inflorescence).svg *Source*: http://de.wikipedia.org/w/index.php?title=Datei:Brakteose_beblätterung_2_(inflorescence).svg *License*: unknown *Contributors*: User:Amada44

Bild:Frondobrakteose Beblätterung (inflorescence).svg *Source*: http://de.wikipedia.org/w/index.php?title=Datei:Frondobrakteose_Beblätterung_(inflorescence).svg *License*: unknown *Contributors*: User:Amada44

Bild:Frondose beblätterung (inflorescence).svg *Source*: http://de.wikipedia.org/w/index.php?title=Datei:Frondose_beblätterung_(inflorescence).svg *License*: unknown *Contributors*: User:Amada44

Bild:Akropetale Effloration (inflorescence).svg *Source*: http://de.wikipedia.org/w/index.php?title=Datei:Akropetale_Effloration_(inflorescence).svg *License*: unknown *Contributors*: User:Amada44

Bild:Basipetale effloration (inflorescence).svg *Source*: http://de.wikipedia.org/w/index.php?title=Datei:Basipetale_effloration_(inflorescence).svg *License*: unknown *Contributors*: User:Amada44

Bild:Divergente effloration (inflorescence).svg *Source*: http://de.wikipedia.org/w/index.php?title=Datei:Divergente_effloration_(inflorescence).svg *License*: unknown *Contributors*: User:Amada44

Bild:Offener Blütenstand (inflorescence).svg *Source*: http://de.wikipedia.org/w/index.php?title=Datei:Offener_Blütenstand_(inflorescence).svg *License*: unknown *Contributors*: User:Amada44

Bild:Offener_Blütenstand_(inflorescence)_m_K.svg *Source*: http://de.wikipedia.org/w/index.php?title=Datei:Offener_Blütenstand_(inflorescence)_m_K.svg *License*: unknown *Contributors*: User:Amada44

Bild:Pseudoterminalbluete (inflorescence).svg *Source*: http://de.wikipedia.org/w/index.php?title=Datei:Pseudoterminalbluete_(inflorescence).svg *License*: unknown *Contributors*: User:Amada44

Bild:Inflorescences Raceme Kwiatostan Grono.svg *Source*: http://de.wikipedia.org/w/index.php?title=Datei:Inflorescences_Raceme_Kwiatostan_Grono.svg *License*: unknown *Contributors*: user:Shazz

Bild:Traube dekussiert (inflorescence).svg *Source*: http://de.wikipedia.org/w/index.php?title=Datei:Traube_dekussiert_(inflorescence).svg *License*: unknown *Contributors*: User:Amada44

Bild:Bluete und Tragblatt (inflorescence).svg *Source*: http://de.wikipedia.org/w/index.php?title=Datei:Bluete_und_Tragblatt_(inflorescence).svg *License*: unknown *Contributors*: User:Amada44

Bild:Konkauleszenz (inflorescence).svg *Source*: http://de.wikipedia.org/w/index.php?title=Datei:Konkauleszenz_(inflorescence).svg *License*: unknown *Contributors*: User:Amada44

Bild:Rekauleszenz (inflorescence).svg *Source*: http://de.wikipedia.org/w/index.php?title=Datei:Rekauleszenz_(inflorescence).svg *License*: unknown *Contributors*: de.wiki: w:de:user:supermartlsupermartl

Bild:Traube (inflorescence).svg *Source*: http://de.wikipedia.org/w/index.php?title=Datei:Traube_(inflorescence).svg *License*: unknown *Contributors*: User:Amada44

Bild:Schirmtraube (inflorescence).svg *Source*: http://de.wikipedia.org/w/index.php?title=Datei:Schirmtraube_(inflorescence).svg *License*: unknown *Contributors*: User:Amada44

Bild:Inflorescences Spike Kwiatostan Kłos.svg *Source*: http://de.wikipedia.org/w/index.php?title=Datei:Inflorescences_Spike_Kwiatostan_Kłos.svg *License*: unknown *Contributors*: user:Shazz

Bild:Zapfen (inflorescence).svg *Source*: http://de.wikipedia.org/w/index.php?title=Datei:Zapfen_(inflorescence).svg *License*: unknown *Contributors*: User:Amada44

Bild:Kolben (inflorescence).svg *Source*: http://de.wikipedia.org/w/index.php?title=Datei:Kolben_(inflorescence).svg *License*: unknown *Contributors*: User:Amada44

Bild:Koepfchen (inflorescence).svg *Source*: http://de.wikipedia.org/w/index.php?title=Datei:Koepfchen_(inflorescence).svg *License*: unknown *Contributors*: User:Amada44

Bild:Inflorescences Head Kwiatostan Koszyczek.svg *Source*: http://de.wikipedia.org/w/index.php?title=Datei:Inflorescences_Head_Kwiatostan_Koszyczek.svg *License*: unknown *Contributors*: user:Shazz

Bild:Inflorescences Umbel Kwiatostan Baldach.svg *Source*: http://de.wikipedia.org/w/index.php?title=Datei:Inflorescences_Umbel_Kwiatostan_Baldach.svg *License*: unknown *Contributors*: user:Shazz

Bild:Kaetzchen (inflorescence).svg *Source*: http://de.wikipedia.org/w/index.php?title=Datei:Kaetzchen_(inflorescence).svg *License*: unknown *Contributors*: User:Amada44

Bild:Doppeltraube (inflorescence).svg *Source*: http://de.wikipedia.org/w/index.php?title=Datei:Doppeltraube_(inflorescence).svg *License*: unknown *Contributors*: User:Amada44

Bild:Doppeltraube 2 (inflorescence).svg *Source*: http://de.wikipedia.org/w/index.php?title=Datei:Doppeltraube_2_(inflorescence).svg *License*: unknown *Contributors*: User:Amada44

Bild:Inflorescences Muktispike Kwiatostan KłosZłożony.svg *Source*: http://de.wikipedia.org/w/index.php?title=Datei:Inflorescences_Muktispike_Kwiatostan_KłosZłożony.svg *License*: unknown *Contributors*: user:Shazz

Bild:Doppelkoepfchen (inflorescence).svg *Source*: http://de.wikipedia.org/w/index.php?title=Datei:Doppelkoepfchen_(inflorescence).svg *License*: unknown *Contributors*: User:Amada44

Bild:Inflorescences Umbel Kwiatostan BaldachZłożony.svg *Source*: http://de.wikipedia.org/w/index.php?title=Datei:Inflorescences_Umbel_Kwiatostan_BaldachZłożony.svg *License*: unknown *Contributors*: user:Shazz

Bild:Dreifachdolde (inflorescence).svg *Source*: http://de.wikipedia.org/w/index.php?title=Datei:Dreifachdolde_(inflorescence).svg *License*: unknown *Contributors*: User:Amada44

Bild:Inflorescences Panicle Kwiatostan Wiecha.svg *Source*: http://de.wikipedia.org/w/index.php?title=Datei:Inflorescences_Panicle_Kwiatostan_Wiecha.svg *License*: unknown *Contributors*: user:Shazz

Bild:Schirmrispe (inflorescence).svg *Source*: http://de.wikipedia.org/w/index.php?title=Datei:Schirmrispe_(inflorescence).svg *License*: unknown *Contributors*: User:Amada44

Bild:Spirre (inflorescence).svg *Source*: http://de.wikipedia.org/w/index.php?title=Datei:Spirre_(inflorescence).svg *License*: unknown *Contributors*: User:Amada44

Bild:Botryoid (inflorescence).svg *Source*: http://de.wikipedia.org/w/index.php?title=Datei:Botryoid_(inflorescence).svg *License*: unknown *Contributors*: User:Amada44

Bild:Dichasium (inflorescence).svg *Source*: http://de.wikipedia.org/w/index.php?title=Datei:Dichasium_(inflorescence).svg *License*: unknown *Contributors*: de.wiki: w:de:user:supermartlsupermartl

Bild:Dichasium (top view) (inflorescence).svg *Source*: http://de.wikipedia.org/w/index.php?title=Datei:Dichasium_(top_view)_(inflorescence).svg *License*: unknown *Contributors*: User:Amada44

Bild:Doppelwickel (inflorescence).svg *Source*: http://de.wikipedia.org/w/index.php?title=Datei:Doppelwickel_(inflorescence).svg *License*: unknown *Contributors*: User:Amada44

Bild:Doppelschraubel (inflorescence).svg *Source*: http://de.wikipedia.org/w/index.php?title=Datei:Doppelschraubel_(inflorescence).svg *License*: unknown *Contributors*: User:Amada44

Bild:Wickel2 (inflorescence).svg *Source*: http://de.wikipedia.org/w/index.php?title=Datei:Wickel2_(inflorescence).svg *License*: unknown *Contributors*: de.wiki: w:de:user:supermartlsupermartl

Bild:Wickel (top view) (inflorescence).svg *Source*: http://de.wikipedia.org/w/index.php?title=Datei:Wickel_(top_view)_(inflorescence).svg *License*: unknown *Contributors*: de.wiki: w:de:user:supermartlsupermartl

Bild:Schraubel (inflorescence).svg *Source*: http://de.wikipedia.org/w/index.php?title=Datei:Schraubel_(inflorescence).svg *License*: unknown *Contributors*: de.wiki: w:de:user:supermartlsupermartl

Bild:Schraubel (top view) (inflorescence).svg *Source*: http://de.wikipedia.org/w/index.php?title=Datei:Schraubel_(top_view)_(inflorescence).svg *License*: unknown *Contributors*: de.wiki: w:de:user:supermartlsupermartl

Bild:Fächel (top view) (inflorescence).svg *Source*: http://de.wikipedia.org/w/index.php?title=Datei:Fächel_(top_view)_(inflorescence).svg *License*: unknown *Contributors*: de.wiki: w:de:user:supermartlsupermartl

Bild:Sichel (top view) (inflorescence).svg *Source*: http://de.wikipedia.org/w/index.php?title=Datei:Sichel_(top_view)_(inflorescence).svg *License*: unknown *Contributors*: de.wiki: w:de:user:supermartlsupermartl

Bild:Dichasialer zymus (inflorescence).svg *Source*: http://de.wikipedia.org/w/index.php?title=Datei:Dichasialer_zymus_(inflorescence).svg *License*: unknown *Contributors*: User:Amada44

Bild:Wickeliger zymus (inflorescence).svg *Source*: http://de.wikipedia.org/w/index.php?title=Datei:Wickeliger_zymus_(inflorescence).svg *License*: unknown *Contributors*: de.wiki: w:de:user:supermartlsupermartl

Bild:Doppelwickliger zymus (inflorescence).svg *Source*: http://de.wikipedia.org/w/index.php?title=Datei:Doppelwickliger_zymus_(inflorescence).svg *License*: unknown *Contributors*: de.wiki: w:de:user:supermartlsupermartl

Bild:Homöokladische Thyrse (inflorescence).svg *Source*: http://de.wikipedia.org/w/index.php?title=Datei:Homöokladische_Thyrse_(inflorescence).svg *License*: unknown *Contributors*: User:Amada44

Bild:Heterokladische Thyrse (inflorescence).svg *Source*: http://de.wikipedia.org/w/index.php?title=Datei:Heterokladische_Thyrse_(inflorescence).svg *License*: unknown *Contributors*: de.wiki: w:de:user:supermartlsupermartl

Bild:Disjunkt heterokladische Thyrse (inflorescence).svg *Source*: http://de.wikipedia.org/w/index.php?title=Datei:Disjunkt_heterokladische_Thyrse_(inflorescence).svg *License*: unknown *Contributors*: User:Amada44

Bild:Pleiothyrse (inflorescence).svg *Source*: http://de.wikipedia.org/w/index.php?title=Datei:Pleiothyrse_(inflorescence).svg *License*: unknown *Contributors*: de.wiki: w:de:user:supermartlsupermartl

Bild:Trugdolde (inflorescence).svg *Source*: http://de.wikipedia.org/w/index.php?title=Datei:Trugdolde_(inflorescence).svg *License*: unknown *Contributors*: de.wiki: w:de:user:supermartlsupermartl

Free Documentation License Version 1.2, ember 2002 Copyright (C) 2000,2001,2002 Software Foundation, Inc. 59 Temple e, Suite 330, Boston, MA 02111-1307 USA yone is permitted to copy and distribute atim copies of this license document, but ging it is not allowed.

EAMBLE

purpose of this License is to make a manual, textbook, or functional and useful document "free" in the sense of om: to assure everyone the effective freedom to copy and ibute it, with or without modifying it, either commercially or mmercially. Secondarily, this License preserves for the r and publisher a way to get credit for their work, while not considered responsible for modifications made by others. License is a kind of "copyleft", which means that derivative of the document must themselves be free in the same . It complements the GNU General Public License, which is yleft license designed for free software. We have designed icense in order to use it for manuals for free software, use free software needs free documentation: a free program d come with manuals providing the same freedoms that the are does. But this License is not limited to software manuals; be used for any textual work, regardless of subject matter ether it is published as a printed book. We recommend this se principally for works whose purpose is instruction or nce.

PLICABILITY AND DEFINITIONS

License applies to any manual or other work, in any im, that contains a notice placed by the copyright holder g it can be distributed under the terms of this License. Such ice grants a world-wide, royalty-free license, unlimited in ion, to use that work under the conditions stated herein. The iment", below, refers to any such manual or work. Any ber of the public is a licensee, and is addressed as "you". accept the license if you copy, modify or distribute the work way requiring permission under copyright law. A "Modified on" of the Document means any work containing the ment or a portion of it, either copied verbatim, or with fications and/or translated into another language. A ondary Section" is a named appendix or a front-matter on of the Document that deals exclusively with the onship of the publishers or authors of the Document to the ment's overall subject (or to related matters) and contains ng that could fall directly within that overall subject. (Thus, if Document is in part a textbook of mathematics, a Secondary on may not explain any mathematics.) The relationship could matter of historical connection with the subject or with ed matters, or of legal, commercial, philosophical, ethical or cal position regarding them. The "Invariant Sections" are in Secondary Sections whose titles are designated, as being of Invariant Sections, in the notice that says that the iment is released under this License. If a section does not fit above definition of Secondary then it is not allowed to be gnated as Invariant. The Document may contain zero iant Sections. If the Document does not identify any Invariant ions then there are none. The "Cover Texts" are certain short sages of text that are listed, as Front-Cover Texts or Back-er Texts, in the notice that says that the Document is ased under this License. A Front-Cover Text may be at most ords, and a Back-Cover Text may be at most 25 words. A nsparent" copy of the Document means a machine-readable , represented in a format whose specification is available to general public, that is suitable for revising the document ghtforwardly with generic text editors or (for images posed of pixels) generic paint programs or (for drawings) e widely available drawing editor, and that is suitable for input ext formatters or for automatic translation to a variety of ats suitable for input to text formatters. A copy made in an rwise Transparent file format whose markup, or absence of kup, has been arranged to thwart or discourage subsequent lification by readers is not Transparent. An image format is Transparent if used for any substantial amount of text. A copy is not "Transparent" is called "Opaque". Examples of suitable ats for Transparent copies include plain ASCII without kup, Texinfo input format, LaTeX input format, SGML or XML g a publicly available DTD, and standard-conforming simple IL, PostScript or PDF designed for human modification. mples of transparent image formats include PNG, XCF and . Opaque formats include proprietary formats that can be d and edited only by proprietary word processors, SGML or for which the DTD and/or processing tools are not generally lable, and the machine-generated HTML, PostScript or PDF duced by some word processors for output purposes only. The e Page" means, for a printed book, the title page itself, plus following pages as are needed to hold, legibly, the material License requires to appear in the title page. For works in ats which do not have any title page as such, "Title Page" ans the text near the most prominent appearance of the work's preceding the beginning of the body of the text. A section itled XYZ" means a named subunit of the Document whose either is precisely XYZ or contains XYZ in parentheses wing text that translates XYZ in another language. (Here XYZ ids for a specific section name mentioned below, such as knowledgements", "Dedications", "Endorsements", or story".) To "Preserve the Title" of such a section when you dify the Document means that it remains a section "Entitled Z" according to this definition. The Document may include rranty Disclaimers next to the notice which states that this ense applies to the Document. These Warranty Disclaimers considered to be included by reference in this License, but as regards disclaiming warranties: any other implication that se Warranty Disclaimers may have is void and has no effect the meaning of this License.

VERBATIM COPYING

u may copy and distribute the Document in any medium, er commercially or noncommercially, provided that this ense, the copyright notices, and the license notice saying this License applies to the Document are reproduced in all copies, and that you add no other conditions whatsoever to those of this License. You may not use technical measures to obstruct or control the reading or further copying of the copies you make or distribute. However, you may accept compensation in exchange for copies. If you distribute a large enough number of copies you must also follow the conditions in section 3. You may also lend copies, under the same conditions stated above, and you may publicly display copies.

3. COPYING IN QUANTITY

If you publish printed copies (or copies in media that commonly have printed covers) of the Document, numbering more than 100, and the Document's license notice requires Cover Texts, you must enclose the copies in covers that carry, clearly and legibly, all these Cover Texts: Front-Cover Texts on the front cover, and Back-Cover Texts on the back cover. Both covers must also clearly and legibly identify you as the publisher of these copies. The front cover must present the full title with all words of the title equally prominent and visible. You may add other material on the covers in addition. Copying with changes limited to the covers, as long as they preserve the title of the Document and satisfy these conditions, can be treated as verbatim copying in other respects. If the required texts for either cover are too voluminous to fit legibly, you should put the first ones listed (as many as fit reasonably) on the actual cover, and continue the rest onto adjacent pages. If you publish or distribute Opaque copies of the Document numbering more than 100, you must either include a machine-readable Transparent copy along with each Opaque copy, or state in or with each Opaque copy a computer-network location from which the general network-using public has access to download using public-standard network protocols a complete Transparent copy of the Document, free of added material. If you use the latter option, you must take reasonably prudent steps, when you begin distribution of Opaque copies in quantity, to ensure that this Transparent copy will remain thus accessible at the stated location until at least one year after the last time you distribute an Opaque copy (directly or through your agents or retailers) of that edition to the public. It is requested, but not required, that you contact the authors of the Document well before redistributing any large number of copies, to give them a chance to provide you with an updated version of the Document.

4. MODIFICATIONS

You may copy and distribute a Modified Version of the Document under the conditions of sections 2 and 3 above, provided that you release the Modified Version under precisely this License, with the Modified Version filling the role of the Document, thus licensing distribution and modification of the Modified Version to whoever possesses a copy of it. In addition, you must do these things in the Modified Version: A. Use in the Title Page (and on the covers, if any) a title distinct from that of the Document, and from those of previous versions (which should, if there were any, be listed in the History section of the Document). You may use the same title as a previous version if the original publisher of that version gives permission. B. List on the Title Page, as authors, one or more persons or entities responsible for authorship of the modifications in the Modified Version, together with at least five of the principal authors of the Document (all of its principal authors, if it has fewer than five), unless they release you from this requirement. C. State on the Title page the name of the publisher of the Modified Version, as the publisher. D. Preserve all the copyright notices of the Document. E. Add an appropriate copyright notice for your modifications adjacent to the other copyright notices. F. Include, immediately after the copyright notices, a license notice giving the public permission to use the Modified Version under the terms of this License, in the form shown in the Addendum below. G. Preserve in that license notice the full lists of Invariant Sections and required Cover Texts given in the Document's license notice. H. Include an unaltered copy of this License. I. Preserve the section Entitled "History", Preserve its Title, and add to it an item stating at least the title, year, new authors, and publisher of the Modified Version as given on the Title Page. If there is no section Entitled "History" in the Document, create one stating the title, year, authors, and publisher of the Document as given on its Title Page, then add an item describing the Modified Version as stated in the previous sentence. J. Preserve the network location, if any, given in the Document for public access to a Transparent copy of the Document, and likewise the network locations given in the Document for previous versions it was based on. These may be placed in the "History" section. You may omit a network location for a work that was published at least four years before the Document itself, or if the original publisher of the version it refers to gives permission. K. For any section Entitled "Acknowledgements" or "Dedications", Preserve the Title of the section, and preserve in the section all the substance and tone of each of the contributor acknowledgements and/or dedications given therein. L. Preserve all the Invariant Sections of the Document, unaltered in their text and in their titles. Section numbers or the equivalent are not considered part of the section titles. M. Delete any section Entitled "Endorsements". Such a section may not be included in the Modified Version. N. Do not retitle any existing section to be Entitled "Endorsements" or to conflict in title with any Invariant Section. O. Preserve any Warranty Disclaimers. If the Modified Version includes new front-matter sections or appendices that qualify as Secondary Sections and contain no material copied from the Document, you may at your option designate some or all of these sections as invariant. To do this, add their titles to the list of Invariant Sections in the Modified Version's license notice. These titles must be distinct from any other section titles. You may add a section Entitled "Endorsements", provided it contains nothing but endorsements of your Modified Version by various parties--for example, statements of peer review or that the text has been approved by an organization as the authoritative definition of a standard. You may add a passage of up to five words as a Front-Cover Text, and a passage of up to 25 words as a Back-Cover Text, to the end of the list of Cover Texts in the Modified Version. Only one passage of Front-Cover Text and one of Back-Cover Text may be added by (or through arrangements made by) any one entity. If the Document already includes a cover text for the same cover, previously added by you or by arrangement made by the same entity you are acting on behalf of, you may not add another; but you may replace the old one, on explicit permission from the previous publisher that added the old one. The author(s) and publisher(s) of the Document do not by this License give permission to use their names for publicity for or to assert or imply endorsement of any Modified Version.

5. COMBINING DOCUMENTS

You may combine the Document with other documents released under this License, under the terms defined in section 4 above for modified versions, provided that you include in the combination all of the Invariant Sections of all of the original documents, unmodified, and list them all as Invariant Sections of your combined work in its license notice, and that you preserve all their Warranty Disclaimers. The combined work need only contain one copy of this License, and multiple identical Invariant Sections may be replaced with a single copy. If there are multiple Invariant Sections with the same name but different contents, make the title of each such section unique by adding at the end of it, in parentheses, the name of the original author or publisher of that section if known, or else a unique number. Make the same adjustment to the section titles in the list of Invariant Sections in the license notice of the combined work. In the combination, you must combine any sections Entitled "History" in the various original documents, forming one section Entitled "History"; likewise combine any sections Entitled "Acknowledgements", and any sections Entitled "Dedications". You must delete all sections Entitled "Endorsements".

6. COLLECTIONS OF DOCUMENTS

You may make a collection consisting of the Document and other documents released under this License, and replace the individual copies of this License in the various documents with a single copy that is included in the collection, provided that you follow the rules of this License for verbatim copying of each of the documents in all other respects. You may extract a single document from such a collection, and distribute it individually under this License, provided you insert a copy of this License into the extracted document, and follow this License in all other respects regarding verbatim copying of that document.

7. AGGREGATION WITH INDEPENDENT WORKS

A compilation of the Document or its derivatives with other separate and independent documents or works, in or on a volume of a storage or distribution medium, is called an "aggregate" if the copyright resulting from the compilation is not used to limit the legal rights of the compilation's users beyond what the individual works permit. When the Document is included in an aggregate, this License does not apply to the other works in the aggregate which are not themselves derivative works of the Document. If the Cover Text requirement of section 3 is applicable to these copies of the Document, then if the Document is less than one half of the entire aggregate, the Document's Cover Texts may be placed on covers that bracket the Document within the aggregate, or the electronic equivalent of covers if the Document is in electronic form. Otherwise they must appear on printed covers that bracket the whole aggregate.

8. TRANSLATION

Translation is considered a kind of modification, so you may distribute translations of the Document under the terms of section 4. Replacing Invariant Sections with translations requires special permission from their copyright holders, but you may include translations of some or all Invariant Sections in addition to the original versions of these Invariant Sections. You may include a translation of this License, and all the license notices in the Document, and any Warranty Disclaimers, provided that you also include the original English version of this License and the original versions of those notices and disclaimers. In case of a disagreement between the translation and the original version of this License or a notice or disclaimer, the original version will prevail. If a section in the Document is Entitled "Acknowledgements", "Dedications", or "History", the requirement (section 4) to Preserve its Title (section 1) will typically require changing the actual title.

9. TERMINATION

You may not copy, modify, sublicense, or distribute the Document except as expressly provided for under this License. Any other attempt to copy, modify, sublicense or distribute the Document is void, and will automatically terminate your rights under this License. However, parties who have received copies, or rights, from you under this License will not have their licenses terminated so long as such parties remain in full compliance.

10. FUTURE REVISIONS OF THIS LICENSE

The Free Software Foundation may publish new, revised versions of the GNU Free Documentation License from time to time. Such new versions will be similar in spirit to the present version, but may differ in detail to address new problems or concerns. See http://www.gnu.org/copyleft/. Each version of the License is given a distinguishing version number. If the Document specifies that a particular numbered version of this License "or any later version" applies to it, you have the option of following the terms and conditions either of that specified version or of any later version that has been published (not as a draft) by the Free Software Foundation. If the Document does not specify a version number of this License, you may choose any version ever published (not as a draft) by the Free Software Foundation. ADDENDUM: How to use this License for your documents To use this License in a document you have written, include a copy of the License in the document and put the following copyright and license notices just after the title page: Copyright (c) YEAR YOUR NAME. Permission is granted to copy, distribute and/or modify this document under the terms of the GNU Free Documentation License, Version 1.2 or any later version published by the Free Software Foundation; with no Invariant Sections, no Front-Cover Texts, and no Back-Cover Texts. A copy of the license is included in the section entitled "GNU Free Documentation License". If you have Invariant Sections, Front-Cover Texts and Back-Cover Texts, replace the "with...Texts." line with this: with the Invariant Sections being LIST THEIR TITLES, with the Front-Cover Texts being LIST, and with the Back-Cover Texts being LIST. If you have Invariant Sections without Cover Texts, or some other combination of the three, merge those two alternatives to suit the situation. If your document contains nontrivial examples of program code, we recommend releasing these examples in parallel under your choice of free software license, such as the GNU General Public License, to permit their use in free software.

Printed by Books on Demand GmbH, Norderstedt / Germany